轨道交通装备制造业职业技能鉴定指导丛书

绝缘处理浸渍工

中国中车股份有限公司　编写

中国铁道出版社

2016年·北　京

图书在版编目(CIP)数据

绝缘处理浸渍工/中国中车股份有限公司编写．—北京：中国铁道出版社，2016.1

(轨道交通装备制造业职业技能鉴定指导丛书)

ISBN 978-7-113-21088-5

Ⅰ.①绝… Ⅱ.①中… Ⅲ.①浸渍绝缘工艺－职业技能－鉴定－自学参考资料 Ⅳ.①TM05

中国版本图书馆CIP数据核字(2015)第261737号

书　　名：轨道交通装备制造业职业技能鉴定指导丛书

绝缘处理浸渍工

作　　者：中国中车股份有限公司

策　　划：江新锡　钱士明　徐　艳

责任编辑：陶赛赛　　编辑部电话：010-51873065

编辑助理：黎　琳

封面设计：郑春鹏

责任校对：马　丽

责任印制：陆　宁　高春晓

出版发行：中国铁道出版社(100054，北京市西城区右安门西街8号)

网　　址：http://www.tdpress.com

印　　刷：北京华正印刷有限公司

版　　次：2016年1月第1版　2016年1月第1次印刷

开　　本：787 mm×1 092 mm　1/16　印张：11.75　字数：284千

书　　号：ISBN 978-7-113-21088-5

定　　价：38.00元

中国中车职业技能鉴定教材修订、开发编审委员会

主　任： 赵光兴

副主任： 郭法娥

委　员：（按姓氏笔画为序）

于帮会　王　华　尹成文　孔　军　史治国

朱智勇　刘继斌　闫建华　安忠义　孙　勇

沈立德　张晓海　张海涛　姜　冬　姜海洋

耿　刚　韩志坚　詹余斌

本《丛书》总　编： 赵光兴

副总编： 郭法娥　刘继斌

本《丛书》总　审： 刘继斌

副总审： 杨永刚　娄树国

编审委员会办公室：

主　任： 刘继斌

成　员： 杨永刚　娄树国　尹志强　胡大伟

序

在党中央、国务院的正确决策和大力支持下，中国高铁事业迅猛发展。中国已成为全球高铁技术最全、集成能力最强、运营里程最长、运行速度最高的国家。高铁已成为中国外交的金牌名片，成为高端装备"走出去"的大国重器。

中国中车作为高铁事业的积极参与者和主要推动者，在大力推动产品、技术创新的同时，始终站在人才队伍建设的重要战略高度，把高技能人才作为创新资源的重要组成部分，不断加大培养力度。广大技术工人立足本职岗位，用自己的聪明才智，为中国高铁事业的创新、发展做出了杰出贡献，被李克强同志亲切地赞誉为"中国第一代高铁工人"。如今在这支近 9.2 万人的队伍中，持证率已超过 96%，高技能人才占比已超过 59%，有 6 人荣获"中华技能大奖"，有 50 人荣获国务院"政府特殊津贴"，有 90 人荣获"全国技术能手"称号。

高技能人才队伍的发展，得益于国家的政策环境，得益于企业的发展，也得益于扎实的基础工作。自 2002 年起，中国中车作为国家首批职业技能鉴定试点企业，积极开展工作，编制鉴定教材，在构建企业技能人才评价体系、推动企业高技能人才队伍建设方面取得明显成效。

中国中车承载着振兴国家高端装备制造业的重大使命，承载着中国高铁走向世界的光荣梦想，承载着中国轨道交通装备行业的百年积淀。为适应中国高端装备制造技术的加速发展，推进国家职业技能鉴定工作的不断深入，中国中车组织修订、开发了覆盖所有职业(工种)的新教材。在这次教材修订、开发中，编者基于对多年鉴定工作规律的认识，提出了"核心技能要素"等概念，创造性地开发了《职业技能鉴定技能操作考核框架》。试用表明，该《框架》作为技能人才综合素质评价的新标尺，填补了以往鉴定实操考试中缺乏命题水平评估标准的空白，很好地统一了不同鉴定机构的鉴定标准，大大提高了职业技能鉴定的公平性和公信力，具有广泛的适用性。

相信《轨道交通装备制造业职业技能鉴定指导丛书》的出版发行，对于推动高技能人才队伍的建设，对于企业贯彻落实国家创新驱动发展战略，成为“中国制造2025”的积极参与者、大力推动者和创新排头兵，对于构建由我国主导的全球轨道交通装备产业新格局，必将发挥积极的作用。

中国中车股份有限公司总裁：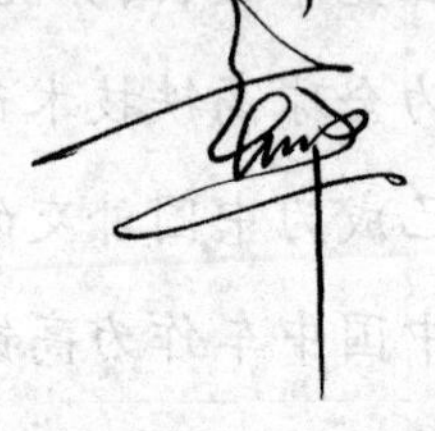

二〇一五年十二月二十八日

前　言

鉴定教材是职业技能鉴定工作的重要基础。2002年，经原劳动保障部批准，原中国南车和中国北车成为国家职业技能鉴定首批试点中央企业，开始全面开展职业技能鉴定工作。2003年，根据《国家职业标准》要求，并结合自身实际，我们组织开发了《职业技能鉴定指导丛书》，共涉及车工等52个职业(工种)的初、中、高3个等级。多年来，这些教材为不断提升技能人才素质、满足企业转型升级的需要发挥了重要作用。

随着企业的快速发展和国家职业技能鉴定工作的不断深入，特别是以高速动车组为代表的世界一流产品制造技术的快步发展，现有的职业技能鉴定教材在内容、标准等诸多方面，已明显不适应企业构建新型技能人才评价体系的要求。为此，公司决定修订、开发《轨道交通装备制造业职业技能鉴定指导丛书》。

本《丛书》的修订、开发，始终围绕打造世界一流企业的目标，努力遵循“执行国家标准与体现企业实际需要相结合、继承和发展相结合、质量第一、岗位个性服从于职业共性”四项工作原则，以提高中国中车技术工人队伍整体素质为目的，以主要和关键技术职业为重点，依据《国家职业标准》对知识、技能的各项要求，力求通过自主开发、借鉴吸收、创新发展，进一步推动企业职业技能鉴定教材建设，确保职业技能鉴定工作更好地满足企业发展对高技能人才队伍建设工作的迫切需要。

本《丛书》修订、开发中，认真总结和梳理了过去12年企业鉴定工作的经验以及对鉴定工作规律的认识，本着“紧密结合企业工作实际，完整贯彻落实《国家职业标准》，切实提高职业技能鉴定工作质量”的基本理念，以“核心技能要素”为切入点，探索、开发出了中国中车《职业技能鉴定技能操作考核框架》；对于暂无《国家职业标准》、又无相关行业职业标准的38个职业，按照国家有关《技术规程》开发了《中国中车职业标准》。自2014年以来近两年的试用表明：该《框架》既完整反映了《国家职业标准》对理论和技能两方面的要求，又适应了企业生产和技术工人队伍建设的需要，突破了以往技能鉴定实作考核缺乏水平评估标准的“瓶颈”，统一了不同产品、不同技术含量企业的鉴定标准，提高了鉴定考核的技术含量，提高了职业技能鉴定工作质量和管理水平，保证了职业技能鉴定的公平性和公信力，已经成为职业技能鉴定工作、进而成为生产操作者综合技术素质评价的新标尺。

本《丛书》共涉及 99 个职业(工种),覆盖了中国中车开展职业技能鉴定的绝大部分职业(工种)。《丛书》中每一职业(工种)又分为初、中、高 3 个技能等级,并按职业技能鉴定理论、技能考试的内容和形式编写。其中:理论知识部分包括知识要求练习题与答案;技能操作部分包括《技能考核框架》和《样题与分析》。本《丛书》按职业(工种)分册,已按计划出版了第一批 75 个职业(工种)。本次计划出版第二批 24 个职业(工种)。

本《丛书》在修订、开发中,仍侧重于相关理论知识和技能要求的应知应会,若要更全面、系统地掌握《国家职业标准》规定的理论与技能要求,还可参考其他相关教材。

本《丛书》在修订、开发中得到了所属企业各级领导、技术专家、技能专家和培训、鉴定工作人员的大力支持;人力资源和社会保障部职业能力建设司和职业技能鉴定中心、中国铁道出版社等有关部门也给予了热情关怀和帮助,我们在此一并表示衷心感谢。

本《丛书》之《绝缘处理浸渍工》由原永济新时速电机电器有限责任公司《绝缘处理浸渍工》项目组编写。主编张晓强;主审贾健,副主审贺兴跃、牛志钧、冯列万;参编人员李宏、王晶、刘冠芳、郭大鹏、牛玉龙、倪红艳、王鹏、王艳斌、张建伟、张科学。

由于时间及水平所限,本《丛书》难免有错、漏之处,敬请读者批评指正。

中国中车职业技能鉴定教材修订、开发编审委员会

二〇一五年十二月三十日

目　录

绝缘处理浸渍工(职业道德)习题

一、填 空 题

1. 一个人要想有所成就,有所作为,首先得从学( )、如何做事开始。

2. 个人理想应建立在( )的基础上。

3. 诚实守信就是指真实不欺,遵守( )的品德及行为。

4. 坚持真理就是坚持( )的原则,就是办事情、处理问题要合乎公理,合乎正义。

5. 遵纪守法指的是每个从业人员都要遵守纪律和法律,尤其要遵守( )和与职业活动相关的法律法规。

6. 团结互助有利于营造人际和谐气氛,有利于增强企业( )。

7. 创新的本质是( ),即突破旧的思维定势,突破旧的常规戒律。

8. 职业道德是从事一定职业的人们在职业活动中应该遵循的( )的总和。

9. 社会主义职业道德的基本原则是( )。

10. 职业化也称"专业化",是一种( )的工作态度。

11. 职业技能是指从业人员从事职业劳动和完成岗位工作应具有的( )。

12. 加强职业道德修养要端正( )。

13. 强化职业道德情感有赖于从业人员对道德行为的( )。

14. 敬业是一切职业道德基本规范的( )。

15. 公道是员工和谐相处,实现( )的保证。

16. 合作是企业生产经营顺利实施的( )。

17. 职业道德就是从事一定职业的人,在特定的( )中,所应当遵守的,与其职业活动紧密相连的道德原则和规范的总和。

18. 对从业人员来说,应该把文明礼貌作为( )的事情。

19. 劳动者素质主要包括( )和专业技能素质。

20. 事业是创新的基础,岗位是创新的( ),而创新却是事业发展的巨大动力,是岗位成才的关键因素。

二、单项选择题

1. 诚实守信就是真实不欺,而不是( )。

(A)为人之本　　(B)傻子行为

(C)企业的无形资本　　(D)市场经济的法则

2. 办事公道就是要( )。

(A)立场公正　　(B)服从领导意志

(C)在当事人中间搞折衷　　(D)各打十五大板

3. 勤劳节俭不是(　　)。

(A)人类生存的必需　　(B)只对工人农民要求

(C)持家之本　　(D)安邦定国的法宝

4. 社会主义纪律是强制性和(　　)和统一。

(A)组织性　　(B)自觉性　　(C)灵活性　　(D)规范性

5. 职业道德(　　)。

(A)只讲权利,不讲义务　　(B)与职业活动紧密联系

(C)与领导无关　　(D)与法律完全相同

6. 我们工作的目的不是为了(　　)。

(A)谋求生存　　(B)发展个性　　(C)承担社会义务　　(D)消遣时间

7. 企业信誉和形象的树立,不能依赖(　　)。

(A)产品质量　　(B)服务质量　　(C)产品数量　　(D)信守承诺

8. 办事公道(　　)。

(A)只是对领导干部的要求　　(B)只是对服务人员的要求

(C)是对每个从业者的要求　　(D)只是对执法人员的要求

9. 艰苦奋斗是中华民族勤俭美德的(　　)。

(A)高度升华　　(B)继承　　(C)追求　　(D)反叛

10. 社会主义职业道德以(　　)为基本行为准则。

(A)爱岗敬业　　(B)诚实守信

(C)人人为我,我为人人　　(D)社会主义荣辱观

11. 职业化管理在文化上的体现是重视标准化和(　　)。

(A)程序化　　(B)规范化　　(C)专业化　　(D)现代化

12. 职业技能包括职业知识、职业技术和(　　)职业能力。

(A)职业语言　　(B)职业动作　　(C)职业能力　　(D)职业思想

13. 职业道德对职业技能的提高具有(　　)作用。

(A)促进　　(B)统领　　(C)支撑　　(D)保障

14. 市场经济环境下的职业道德应该讲法律、讲诚信、(　　)、讲公平。

(A)讲良心　　(B)讲效率　　(C)讲人情　　(D)讲专业

15. 敬业精神是个体以明确的目标选择、忘我投入的志趣、认真负责的态度,从事职业活动时表现出的(　　)。

(A)精神状态　　(B)人格魅力　　(C)个人品质　　(D)崇高品质

16. 从领域上看,职业纪律包括劳动纪律、财经纪律和(　　)。

(A)行为规范　　(B)工作纪律　　(C)公共纪律　　(D)保密纪律

17. 以下不属于节约行为的是(　　)。

(A)爱护公物　　(B)节约资源　　(C)公私分明　　(D)艰苦奋斗

18. 下列选项不属于合作的特征的是(　　)。

(A)社会性　　(B)排他性　　(C)互利性　　(D)平等性

19. 以下法律规定了职业培训的相关要求的是(　　)。

(A)专利法　　(B)环境保护法　　(C)合同法　　(D)劳动法

20. 职业道德是促使人们遵守职业纪律的思想基础和(　　)。
(A)工作基础　(B)动力　(C)结果　(D)源泉

三、多项选择题

1. 企业形象包括企业的(　　)。
(A)经济效益　(B)道德形象　(C)内部形象　(D)外部形象
2. 坚持真理是坚持(　　)。
(A)实事求是的原则　(B)办事处理问题合乎公理
(C)合乎个人要求　(D)合乎正义
3. 企业信誉和形象的树立,需依赖(　　)。
(A)产品质量　(B)服务质量　(C)产品数量　(D)信守承诺
4. 从道德的结构看,人的道德素质包括(　　)。
(A)道德认识　(B)道德情感　(C) 道德意志　(D) 职业道德
5. 举止得体的表现是(　　)。
(A)态度恭敬　(B)表情从容　(C)行为适度　(D) 笑容可掬
6. 劳动者素质是一个多内容、多层次的系统结构,主要包括(　　)。
(A)产品质量爱岗敬业　(B)服务质量文化素质
(C)产品数量职业道德素质　(D)信守承诺专业技能素质
7. 忠诚所属企业,具体来说,就是要(　　)。
(A)听领导的话　(B)诚实劳动
(C)关心企业发展　(D)遵守合同和契约
8. 开拓创新要有(　　)。
(A)创造意识　(B)科学思维
(C)坚定的意志和信心　(D)灵感的到来
9. 对从业人员来说,下列要素属于最基本的职业道德要素的是(　　)。
(A)职业理想　(B)职业良心　(C)职业作风　(D)职业守则
10. 职业道德的具体功能包括(　　)。
(A)导向功能　(B)规范功能　(C)整合功能　(D)激励功能
11. 职业道德的基本原则是(　　)。
(A)体现社会主义核心价值观
(B)坚持社会主义集体主义原则
(C)体现中国特色社会主义共同理想
(D)坚持忠诚、审慎、勤勉的职业活动内在道德准则
12. 以下既是职业道德的要求,又是社会公德要求的是(　　)。
(A)文明礼貌　(B)勤俭节约　(C)爱国为民　(D)崇尚科学
13. 职业化行为规范要求遵守行业或组织的行为规范包括(　　)。
(A)职业思想　(B)职业文化　(C)职业语言　(D)职业动作
14. 职业技能的特点包括(　　)。
(A)时代性　(B)专业性　(C)层次性　(D)综合性

15. 加强职业道德修养有利于(　　)。

(A)职业情感的强化　　(B)职业生涯的拓展

(C)职业境界的提高　　(D)个人成才成长

16. 敬业的特征包括(　　)。

(A)主动　　(B)务实　　(C)持久　　(D)乐观

17. 诚信的本质内涵是(　　)。

(A)智慧　　(B)真实　　(C)守诺　　(D)信任

18. 职业纪律的特征包括(　　)。

(A)社会性　　(B)强制性　　(C)普遍适用性　　(D)变动性

19. 一个优秀的团队应该具备的合作品质包括(　　)。

(A)成员对团队强烈的归属感　　(B)合作使成员相互信任,实现互利共赢

(C)团队具有强大的凝聚力　　(D)合作有助于个人职业理想的实现

20. 中国中车的核心价值观是(　　)。

(A)诚信为本　　(B)创新为魂　　(C)崇尚行动　　(D)勇于进取

四、判 断 题

1. 道德是区别人与动物的一个很重要的标志。(　　)

2. 不讲职业道德的人,同样也可以成就自己的事业。(　　)

3. 文明和礼貌是两回事,它们没有任何联系。(　　)

4. 劳动力市场的开放为人们选择提供了便利条件,因此在现阶段,没必要再提倡爱岗敬业。(　　)

5. 诚实守信是做人的准则,但不是做事的准则。(　　)

6. 纪律是由少数人制定的,强制大多数人遵守的行为规范。(　　)

7. 创新的本质是突破,即突破旧的思维定势,旧的常规戒律。(　　)

8. 一个人有德无才或有才无德,都不可能成就一番事业,只有德才兼备才会事业有成。(　　)

9. 职工个体形象是个人的事,它与企业整体形象无关。(　　)

10. 高效率快节奏的工作是诚实劳动的一种表现。(　　)

11. 现代社会讲金钱、讲利益,办事没有什么公道可讲。(　　)

12. 在社会主义生产条件下,竞争与合作在本质上是矛盾的,讲竞争就不能讲合作。(　　)

13. 创新是工程技术人员的工作,是发明家的事,它与我们平常人无关。(　　)

14. 讲求信用包括择业信用和岗位责任信用,不包括离职信用。(　　)

15. 职业纪律与员工个人事业成功没有必然联系。(　　)

16. 合作是打造优秀团队的有效途径。(　　)

17. 奉献可以是本职工作之内的,也可以是职责以外的。(　　)

18. 爱岗敬业是奉献精神的一种体现。(　　)

19. “诚信为本、创新为魂、崇尚行动、勇于进取”是中国中车的核心价值观。(　　)

20. 市场经济条件下,首先是讲经济效益,其次才是精工细作。(　　)

绝缘处理浸渍工(职业道德)答案

一、填 空 题

1. 如何做人　2. 社会需要　3. 承诺和契约　4. 实事求是
5. 职业纪律　6. 凝聚力　7. 突破　8. 行为规范
9. 集体主义　10. 自律性　11. 业务素质　12. 职业态度
13. 直接体验　14. 基础　15. 团队目标　16. 内在要求
17. 工作和劳动过程　18. 一生一世　19. 职业道德素质　20. 平台

二、单项选择题

1. B　2. A　3. B　4. B　5. B　6. D　7. C　8. C　9. A
10. D　11. B　12. C　13. A　14. B　15. C　16. D　17. C　18. B
19. D　20. B

三、多项选择题

1. BCD　2. ABD　3. ABD　4. ABC　5. ABC　6. CD　7. BCD
8. ABD　9. ABC　10. ABCD　11. ABD　12. ABCD　13. ACD　14. ABCD
15. BCD　16. ABC　17. BCD　18. ABCD　19. AC　20. ABCD

四、判 断 题

1. √　2. ×　3. ×　4. ×　5. ×　6. ×　7. √　8. √　9. ×
10. √　11. ×　12. ×　13. ×　14. ×　15. ×　16. √　17. √　18. √
19. √　20. ×

绝缘处理浸渍工(初级工)习题

一、填 空 题

1. 日常生活中我们所能接触到的电可分为直流电和(　　)电。
2. 交流电是电流的(　　)和大小随时间的变化而变化。
3. 我们常用的(　　)电有生活用的 220 V 电源、生产用的 380 V 电源。
4. 220 V 是指相电压,即(　　)与地之间的电压,如 A 相对地电压为 220 V。
5. 通过人身的安全直流电流规定在 50(　　)以下。
6. 电路的结构有串联和(　　)联之分,各有各的特点。
7. 电工仪表主要由测量(　　)和测量线路两部分组成。
8. 测量线路能把被测量转换为过渡量,并保持一定的(　　)关系及相位关系。
9. 变压器在运行中,绕组中电流的热效应所引起的(　　)通常称为铜耗。
10. 所谓电源的(　　)是指电源的端电压随负载电流的变化关系。
11. 乏尔是 (　　)功率的单位。
12. 直导线在磁场中作切割磁力线运动所产生的(　　)电动势的方向用右手定则来判定。
13. 通电导体在磁场中受力最大时,载流导线上的电流方向与磁感应强度的方向夹角为(　　)。
14. 测量电压所用(　　)的内阻要求尽量大。
15. 测量电流所用(　　)的内阻要求尽量小。
16. 基尔霍夫第一定律,反映了电路中各(　　)电流之间的关系。
17. 基尔霍夫第二定律,反映了回路中各(　　)电压之间的关系。
18. 依据支路电流法解得的电流为负值时,说明电流(　　)与真实方向相反。
19. 所谓支路电流法就是以支路电流为未知量,依据(　　)定律列方程求解的方法。
20. 纯电感正弦交流电路中,有功功率为(　　)。
21. 楞次定律的主要内容是感应电动势总是企图产生感应电流(　　)回路中磁通的变化。
22. 法拉第电磁感应定律为同一线圈中感生电动势的大小与(　　)的变化率成正比。
23. 电流周围的磁场用(　　)定则来判定。
24. 电器上涂成(　　)色的电器外壳是表示工作中其外壳有电。
25. 在电路中负载因故障被短接或电源两端不经负载被短接,指使电路中电流剧增的现象叫(　　)。
26. 在电路中发生断线,使电流(　　)流通的现象称为断路。
27. 主视图和左视图在(　　)方向应平齐。

28. 在不引起误解时,允许将斜视图图形旋转,标注形式为(　　)。

29. 假想将机件的倾斜部分旋转到与某一选定的基本投影面平行后再向该投影面投影所得的视图称为(　　)。

30. 用假想的剖切面将零件的某处切断,仅画出(　　)的图形称为剖面图。

31. 将机件的部分结构,用(　　)原图形所采用的比例画出的图形,称为局部放大图。

32. 当两形体的表面相切时,在(　　)处不应该画直线。

33. 用剖切面局部地剖开零件所得的(　　)称为局部剖视图。

34. 移出剖面图的轮廓线用(　　)实线绘制。

35. 装配图是表达(　　)或部件的图样。

36. 装配图中,对于螺栓等紧固件,以及实心件,若按纵向剖切,且剖切平面通过其对称平面或轴线时,则这些零件均按(　　)绘制。

37. 实现互换性的基本条件是对同一规格的零件按(　　)的精度标准制造。

38. 同样规格的零件或部件可以相互(　　)的性质,称为零件或部件的互换性。

39. 公差带由基本(　　)和标准公差组成。

40. ϕ30H8 中的(　　)是指孔公差带代号。

41. $\phi 50^{+0.030}_{0}$的孔与$\phi 50^{+0.03}_{-0.02}$轴配合属(　　)配合。

42. 用剖切面完全地剖开零件所得的剖视图称为(　　)视图。

43. 尺寸基准是指图样中标注尺寸的(　　)。

44. 已经标准化的零件视图,可以采用规定的(　　)画法。

45. 由两个或(　　)以上的基本几何体构成的物体称为组合体。

46. 电磁力在国际单位制中的单位是(　　)。

47. 真空是用极限压强来表示的,单位是(　　)。

48. T8 钢按含碳量不同分类,属于(　　)。

49. 金属材料在外力作用下抵抗塑性变形或断裂的能力称为(　　)。

50. 用排水法测量绝缘材料的(　　)时,运用的是阿基米德原理。

51. 大多数绝缘材料在潮湿空气中都将不同程度的吸收(　　),引起绝缘性能降低。

52. 由同一种或几种绝缘材料通过一定的工艺而组合在一起所形成的结构称为(　　)。

53. 电机中带电部件与机组、铁芯等不带电部件之间的绝缘发生破坏,叫作电机(　　)。

54. 绝缘材料的分子,在长期高温的作用下发生(　　)化学变化。

55. 电机中电位不同的带电部件之间的绝缘发生破坏,就叫作(　　)。

56. 绝缘材料在高温情况下性能会逐渐劣化,也叫(　　)。

57. 常用的电工材料可分为导电材料、磁性材料和(　　)材料。

58. 绝缘强度是反映绝缘材料被击穿时的电压,若高于这个电压或场强可能会使材料发生(　　)现象。

59. 现阶段,绝缘材料按耐热可分为(　　)等级。

60. JF9960 绝缘漆主要成分是(　　)、酸酐、亚胺树脂等,其具有优异的耐热性能和介电性能。

61. 绝缘材料在外施电压的作用下被击穿时的电场强度称为(　　)。

62. 一般来说绝缘材料的耐热等级越(　　)价格越高。

63. 对同一介质外施不同电压,所得电流不同,则绝缘电阻(　　)。

64. 匝间绝缘是指同一线圈各个线匝之间的(　　)。

65. 绕组绝缘中的微孔和薄层间隙容易吸潮,使绝缘电阻(　　)。

66. 绝缘油主要由(　　)和合成油两大类组成。

67. 热塑性树脂固化是(　　)的变化过程。

68. 稀释剂是一类使液体树脂黏度(　　)的液体物质。

69. 不同树脂所用的稀释剂也大多(　　)。

70. 固化后的环氧树脂体系具有优良的耐碱、(　　)及耐溶剂等性能。

71. 橡胶分为天然橡胶和(　　)橡胶。

72. 电动机绕组上积有灰尘会降低绝缘性能和影响(　　)。

73. H 级的绝缘漆允许最高工作温度为(　　)。

74. 电机绕组浸漆处理是指用绝缘漆填充绕组内层和覆盖(　　)。

75. 浸渍是指(　　)浸渍电机绕组或其他部件。

76. 绝缘漆主要是由合成树脂或天然树脂等为漆基与某些(　　)材料组成。

77. 现有绝缘漆一般分为有溶剂漆和(　　)两大类。

78. 浸渍漆中含有的有机溶剂及活性稀释剂大多数有(　　)、易爆、有毒的特点。

79. 所有漆类都需要低温储藏,使用过程中应注意(　　)、防静电。

80. 生产前需熟悉图纸和(　　),了解设备操作规程,准备好工具、工装和材料。

81. 上岗工作前需穿戴好工作服、工作裤、劳保鞋,打磨和喷漆时必须戴好(　　),吊运转序时必须佩戴好安全帽。

82. 图纸和工艺文件是电机制造过程中必须遵守的(　　)。

83. 工艺规程包括工艺卡片、(　　)和检验规程等。

84. 浸漆工应了解常用绝缘漆的相关(　　),常用稀释剂的相关知识,以及防护方法。

85. 设备操作者应了解烘箱、浸漆设备的(　　),熟练掌握设备操作方法。

86. 喷涂操作者应熟练掌握涂 4 黏度杯测量表面漆(　　)的方法。

87. 设备操作者应识别设备(　　)信息的类型,排除故障。

88. 绝缘漆低温储存的目的是防止漆的黏度(　　)过快和凝胶时间缩短。

89. 绝缘漆属于易燃物,应注意(　　)、防静电。

90. 压力表必须定期检定,以保证仪表灵敏、(　　)、可靠。

91. 仪表要(　　)计量和校验其灵敏度,检查仪表的运行情况。

92. 仪表误差分为(　　)误差和附加误差两大类。

93. 工件在浸渍前必须保证表面(　　)。

94. 翻身机具有安全自锁功能和记忆功能。当作业时发生断电、液压缸停止工作等电气、机械故障时,能够进行(　　),故障排除后可继续完成作业。

95. 对动车电机浸渍的绝缘漆一般采用(　　)绝缘漆。

96. 一般情况下,电机浸渍的方法有滴浸、滚浸和(　　)。

97. 第一次浸渍主要是让绝缘漆渗透到绕组内部,第二次浸渍主要是在绕组表面形成致密的(　　)。

98. 当绝缘漆的黏度较大时,其渗透能力(　　),影响浸漆质量。

99.(　　)的优劣是决定绝缘系统内部空隙的填充程度和表面漆膜质量的重要因素,也是决定电机耐环境因素能力的标志。

100. 真空压力浸漆设备中,罐壁加热系统的作用是为绝缘漆加热,这主要是为了降低绝缘漆的(　　)。

101. 储漆罐的绝缘漆制冷有直接制冷和(　　)制冷两种方式。

102. 真空压力浸漆过程中抽真空的作用是排除绝缘层中的(　　)和空气。

103. 真空测量分为分压强测量和(　　)压强测量。

104. 真空度常用容器中气体的(　　)压强来表示。

105. 真空压力浸漆过程中输回漆一般采用(　　)输回漆或压差输回漆。

106. 输漆时浸漆罐的液位由(　　)控制。

107. 真空压力浸漆时压力的作用是提高绝缘漆的(　　)。

108. 真空压力浸漆过程中加压介质通常采用(　　)压缩空气。

109. 浸漆时加压的目的是为了(　　)浸渍时间,提高浸透能力。

110. 操作者应按规范填写(　　)记录,做好产品标识。

111. 浸漆罐的形式分为立式和(　　)式。

112. 常用的抽真空机组一般由(　　)和多级罗茨泵组成。

113. 储漆罐通常分为常压式和(　　)两种。

114. 真空压力浸漆罐的罐口密封形式分为(　　)和动圈式。

115. 真空压力浸漆设备中的过滤器可分为粗过滤器和(　　)过滤器。

116. 输漆管路中阀门通常采用气动式(　　)。

117. 浸漆罐在真空状态下(　　)打开罐盖。

118. 在 VPI 设备中热交换器的工作介质为(　　)。

119. 旋转烘焙的作用是减少绝缘漆的(　　)。

120. 烘箱按照通风方式分为自然通风和(　　)循环两种。

121. 对有溶剂的绝缘漆烘焙温度一般可分(　　)个阶段。

122. 固体含量是表示绝缘树脂、绝缘漆、涂料中溶剂挥发后留下的固体物质的(　　)。

123. 对于浸渍有溶剂漆的产品,工件进罐温度过(　　)时,会促使溶剂大量挥发。

124. 绝缘漆温度过低时,漆的黏度(　　),流动性和渗透性差,影响浸漆效果。

125. 吸附法是一种最有效的工业(　　)净化处理手段。

126. 涂 4 黏度计是在一定温度下,从规定直径的孔流出的时间,以(　　)为单位。

127. 在浸漆前应测量并调整绝缘漆的(　　)。

128. 送检漆样时应注明样品的名称、型号及送样(　　),不准在容器内再倒入与标签不相符的材料。

129. 阿尔斯通电机制造技术中采用(　　)对浸漆质量进行验证。

130. 介质损耗测试仪主要是用来测量(　　)的仪器,接线方式有正接法和反接法。

131. 使用手摇式兆欧表时,连线后按顺时针方向摇动手柄,使速度逐渐增至每分钟(　　)转左右并稳定后再开始读数。

132. 兆欧表主要是用来测量(　　)的仪表。

133. 清理有镀层引线头上的漆膜时,只能用(　　)或白布轻轻擦拭,禁止用砂纸打磨,以免破坏线头镀层。

134. 测量绝缘电阻时兆欧表的高压端接在绕组(　　)上,接地端接在铁芯或机座上。

135. 常用的覆盖漆按性质可分为底漆和(　　)。

136. 燃烧是(　　)与氧化剂放出热和光的化学反应。

137. 易燃液体与可燃液体是根据(　　)划分的。

138. 闪点在 45 ℃以下的液体称为易燃液体,闪点在 45 ℃以上的液体称为(　　)。

139. 某种物质在空气中与火源接触而起火,将火源移除仍能继续燃烧的最低温度称为着火点或(　　)。

140. 电器设备发生火灾,未断电前严禁用(　　)或普通酸碱泡沫灭火器灭火。

141. 慢性中毒主要发生在劳动条件(　　),防护措施不够,操作人员警惕性不高的长期情况。

142. 大量毒物突然袭击侵入人体,很快一般不超过(　　)引起全身症状甚至死亡的称为急性中毒。

143. 毒物能够引起人的中毒,主要决定于毒物在作业区的(　　)。

144. 生产性毒物进入人体的途径有(　　)、消化道和皮肤。

145. 三相异步电动机的铜耗包括(　　)和转子铜耗。

146. 直流牵引电机的换向器一般为(　　)结构。

147. 电枢绕组端部一般采用(　　)或钢丝绑扎。

148. 绕线转子的绕组有散绕绕组和(　　)两种类型。

149. 定子嵌线完成后在耐压试验过程中,易发生绕组接地和(　　)两种电气故障。

150. 交流发电机定子绕组的联线方式一般采用(　　)。

151. 交流电机的绕组按相数可分为单相绕组、两相绕组、(　　)绕组和多相绕组。

152. 自励式直流电机按照励磁绕组与电枢绕组间连接方式不同分类可分为串励、并励和(　　)。

153. 电机绕组用的导电金属主要是高纯度的(　　)和铝。

154. 电机某部分温度与周围冷却介质温度之差称为该部分的(　　)。

155. 直流电动机之所以能连续运转是靠(　　)来实现的。

二、单项选择题

1. 三线电缆中的红线代表(　　)。

(A)零线　　(B)火线　　(C)地线　　(D)N 线

2. 通常所说的交流电 380 V 是指它的(　　)。

(A)平均值　　(B)有效值　　(C)最大值　　(D)瞬时值

3. 下列物理单位是特斯拉的是(　　)。

(A)磁通　　(B)磁感应强度　　(C)磁导体　　(D)磁场强度

4. 长度为 1 m 截面是 1 mm^2 的导体所具有的电阻值称为(　　)。

(A)电阻　　(B)电阻率　　(C)阻抗　　(D)感抗

5. 一个支路的电流与其回路的电阻的乘积等于(　　)。

(A)功率　　(B)电功　　(C)电压　　(D)电阻率

6. 在电介质上施加直流电压后,由电介质的弹性极化所决定的电流为(　　)。

(A)电导电流　　(B)电容电流　　(C)吸收电流　　(D)泄露电流

7. 在电介质上施加直流电压后,由电介质的电导所决定的电流就是(　　)。

(A)吸收电流　　(B)电容电流　　(C)泄漏电流　　(D)电导电流

8. 电介质的电导大小一般是用电导率(　　)表示。

(A)γ　　(B)R　　(C)δ　　(D)ρ

9. 电阻 R 与电导 G 的关系是(　　)。

(A)倒数　　(B)相等　　(C)相乘　　(D)平方

10. 基尔霍夫电压定律是用来确定一个回路内各部分(　　)之间关系的定律。

(A)电流　　(B)电压　　(C)能量　　(D)效率

11. 当 3 Ω 的电阻在 1 h 内通过 10 A 的直流电所消耗的能量为(　　)。

(A)0.3 kW·h　　(B)3 kW·h　　(C)30 J　　(D)1 800 J

12. 投影线汇交于一点的投影法称为(　　)投影法。

(A)平行　　(B)中心　　(C)垂直　　(D)倾斜

13. 用来标记该零件处于大结构中的具体位置称为(　　)尺寸。

(A)定形　　(B)定位　　(C)总体　　(D)组合

14. 零件的名称、材料、质量、比例等在零件图的(　　)中查找。

(A)技术要求　　(B)完整的尺寸　　(C)一组视图　　(D)标题栏

15. 图纸上选定的基准称为(　　)基准。

(A)主要　　(B)辅助　　(C)工艺　　(D)设计

16. 看零件图时通过技术要求可以了解(　　)。

(A)零件概况　　(B)零件形状　　(C)各部大小　　(D)质量指标

17. 由上向下投影所得的视图称为(　　)视图。

(A)后　　(B)俯　　(C)右　　(D)仰

18. 由几个基本几何体叠加而成的组合体,它的组合形式为(　　)形。

(A)切割　　(B)叠加　　(C)综合　　(D)组合

19. 相邻两零件的接触面和配合面间只画(　　)条直线。

(A)一　　(B)两　　(C)三　　(D)四

20. 具有互换性的零件应是(　　)。

(A)相同规格的零件　　(B)不同规格的零件

(C)相互配合的零件　　(D)形状和尺寸完全相同的零件

21. 公差的大小等于(　　)。

(A)实际尺寸减基本尺寸　　(B)上偏差减下偏差

(C)最大极限尺寸减实际尺寸　　(D)最小极限尺寸减实际尺寸

22. 尺寸的合格条件是(　　)。

(A)实际尺寸等于基本尺寸　　(B)实际偏差在公差范围内

(C)实际偏差在上、下偏差之间　　(D)实际尺寸在公差范围内

23. 当轴的下偏差大于相配合的孔的下偏差,轴的上偏差小于相配合的孔的上偏差此配合的性质是(　　)。

(A)间隙配合 (B)过渡配合 (C)过盈配合 (D)无法确定

24. 形状公差符号"○"表示( )。

(A)圆度 (B)同轴度 (C)圆柱度 (D)圆跳动

25. 铸铁是含碳量大于( )的铁碳合金。

(A)1.0% (B)1.5% (C)2.11% (D)4.0%

26. 有色金属中( )称轻有色金属。

(A)铜 (B)铅 (C)镍 (D)铝

27. 正投影指投影线互相( ),并与投影面垂直。

(A)垂直 (B)平行 (C)倾斜 (D)交于一点

28. 三视图的投影规律是主、俯视图长对正,主、左视图高平齐,俯、左视图( )。

(A)长对正 (B)高平齐 (C)宽相等 (D)长相等

29. 装配图中应标注( )。

(A)必要的尺寸 (B)完整的尺寸 (C)公差尺寸 (D)极限尺寸

30. Excel 广泛应用于( )。

(A)工业设计、机械制造、建筑工程 (B)美术设计、装潢、图片制作

(C)统计分析、财务管理分析、经济管理 (D)多媒体制作

31. Excel 文档的扩展名是( )。

(A).ppt (B).txt (C).xls (D).doc

32. Excel 的主要功能包括( )。

(A)电子表格、图表、数据库 (B)电子表格、文字处理、数据库

(C)电子表格、工作簿、数据库 (D)工作表、工作簿、图表

33. 在 Excel 中,在 A1 单元格中输入=SUM(8,7,8,7),则其值为( )。

(A)15 (B)30 (C)7 (D)8

34. 在 Excel 工作表中,每个单元格都有唯一的编号叫地址,地址的使用方法是( )。

(A)字母+数字 (B)列标+行号 (C)数字+字母 (D)行号+列标

35. 下列操作中,不能退出 Excel 的操作是( )。

(A)执行"文件→关闭"菜单命令

(B)执行"文件→退出"菜单命令

(C)单击标题栏左端 Excel 窗口的控制菜单按钮,选择"关闭"命令

(D)按快捷键[Alt]+[F4]

36. 用 Excel 可以创建各类图表,如条形图、柱形图等。为了描述特定时间内,各个项之间的差别情况,用于对各项进行比较应该选择( )。

(A)条形图 (B)折线图 (C)饼图 (D)面积图

37. 在打印工作表前就可看到实际打印效果的操作是( )。

(A)打印预览 (B)仔细观察工作表 (C)按 F8 键 (D)分页预览

38. 在 Excel 中,最适合反映某个数据在所有数据构成的总和中所占的比例的一种图表类型是( )。

(A)散点图 (B)折线图 (C)柱形图 (D)饼图

39. 在 Excel 中,计算求和的函数是( )。

(A)Count　　(B)Sum　　(C)Max　　(D)Average

40. 在 PowerPoint 中,幻灯片(　　)是一张特殊的幻灯片,包含已设定格式的占位符,这些占位符是为标题、主要文本和所有幻灯片中出现的背景项目而设置的。

(A)模板　　(B)母版　　(C)版式　　(D)样式

41. 如果希望在演示过程中终止幻灯片的演示,则随时可按的终止键是(　　)。

(A)Delete　　(B)Ctrl+E　　(C)Shift+C　　(D)Esc

42. 在 Word 的文档中,每个段落都有自己的段落标记,段落标记的位置在(　　)。

(A)段落的首部　　(B)段落的中间　　(C)段落的结尾处　　(D)段落的每一行

43. 在 Word 的编辑状态,对当前文档中的文字进行"字数统计"操作,应当使用的菜单是(　　)。

(A)"编辑"菜单　　(B)"文件"菜单　　(C)"视图"菜单　　(D)"工具"菜单

44. 金属材料在无数次交变载荷作用下而不破坏的(　　),称为疲劳强度。

(A)最小应力　　(B)最大应力　　(C)最大内力　　(D)平均应力

45. 45 钢按含碳量不同分类,属于(　　)。

(A)中碳钢　　(B)低碳钢　　(C)高碳钢　　(D)共析钢

46. 为改善低碳钢的切削加工性能,应采用(　　)。

(A)球化退火　　(B)完全退火　　(C)正火　　(D)去应力退火

47. 下面不是淬冷介质的是(　　)。

(A)水　　(B)盐水　　(C)矿物油　　(D)酒精

48. 磁场强度的单位在国际单位制中是(　　)。

(A)N/m^2　　(B)Gs　　(C)A/m　　(D)T

49. 用涂 4 黏度杯测得的黏度值单位是(　　)。

(A)s　　(B)Pa　　(C)Pa·s　　(D)cP

50. 绝缘漆的密度是指单位体积的(　　)。

(A)质量　　(B)重量　　(C)容量　　(D)浓度

51. 黏度单位换算正确的是(　　)。

(A)1 cP=1 mPa·s　　(B) 1 P=1 Pa·s

(C)1 cP=1 Pa·s　　(D)1 P=1 000 cP

52. 压力 1 kgf 约等于(　　)。

(A)1 MPa　　(B)0.1 MPa　　(C)0.01 MPa　　(D)10 MPa

53. 压强的 1 MPa 等于(　　)。

(A)1 000 Pa　　(B)10 000 Pa　　(C)100 000 Pa　　(D)1 000 000 Pa

54. 压强 1 毫巴(mbar)等于(　　)。

(A)1 帕斯卡(Pa)　　(B)10 帕斯卡(Pa)

(C)100 帕斯卡(Pa)　　(D)1 000 帕斯卡(Pa)

55. 压强 1 毫巴(mbar)等于(　　)。

(A)133.32 托(Torr)　　(B)0.75 托(Torr)

(C)760 托(Torr)　　(D)25.4 托(Torr)

56. 表面漆 1357-2 中树脂与固化剂比例为 4∶1,配置 1.5 kg 的表面漆,需要固化剂

(　　)。

(A)6 kg　(B)7.5 kg　(C)0.5 kg　(D)0.3 kg

57. 耐热等级 H 所对应的温度是(　　)。

(A)155 ℃　(B)160 ℃　(C)170 ℃　(D)180 ℃

58. 相间绝缘的作用是(　　)。

(A)将绕组与铁芯隔开　(B)将同相绕组相互间隔开

(C)绕组匝与匝之间的绝缘　(D)将不同相的绕组隔开

59. 绝缘材料为 200 级时,它的最高允许工作温度是(　　)。

(A)120 ℃　(B)130 ℃　(C)155 ℃　(D)200 ℃

60. A 级绝缘材料最高允许使用温度为(　　)。

(A)130 ℃　(B)105 ℃　(C)180 ℃　(D)155 ℃

61. 烘干的绝缘漆其导热率为(　　)。

(A)0.14～0.25 W/(m·℃)　(B)0.3～0.5 W/(m·℃)

(C)0.025～0.03 W/(m·℃)　(D)0.8～1 W/(m·℃)

62. 绝缘漆类产品的命名原则是产品名称由(　　)组成。

(A)化学成分　(B)基本名称

(C)化学成分和基本名称　(D)按照绝缘漆的名称命名

63. 代号为 1168 的绝缘漆(　　)数字表示耐热等级。

(A)第一位 1　(B)第二位 1　(C)第三位 6　(D)第四位 8

64. 浸渍漆的最高允许工作温度为 155 ℃时,其绝缘材料的等级为(　　)。

(A)B 级　(B)F 级　(C)H 级　(D)C 级

65. 云母带的电气性能(　　)空气。

(A)高于　(B)低于　(C)等于　(D)以上都不对

66. 浸渍 T1168 漆的产品进罐温度一般是(　　)。

(A)室温　(B)50～60 ℃　(C)35～40 ℃　(D)60～70 ℃

67. 浸渍 9960 漆的产品进罐温度一般是(　　)。

(A)室温　(B)50～60 ℃　(C)35～40 ℃　(D)60～70 ℃

68. 使用的 H62 树脂输漆时漆温控制在(　　)。

(A)室温　(B)35～40 ℃　(C)45～55 ℃　(D)60～65 ℃

69. 使用涂 4 黏度杯测量绝缘漆黏度,时间越长黏度(　　)。

(A)越大　(B)越小　(C)无关　(D)以上都对

70. T1168 绝缘漆黏度偏大后可使用(　　)进行调节。

(A)甲基苯乙烯　(B)苯乙烯　(C)二甲苯　(D)水

71. 根据使用场合、环境工况合理选择吊索吊具,吊索之间夹角不小于 20°,不大于(　　)。

(A)50°　(B)80°　(C)90°　(D)120°

72. 电机浸漆过程中通过检测(　　)的变化来反映浸漆质量。

(A)电压　(B)电流　(C)电容值　(D)介质损耗

73. 在电机预烘过程中,通过测定(　　)来确定电机未浸渍前的白坯是否已经彻底干燥。

(A)温度　(B)电容值　(C)绝缘电阻　(D)介质损耗

74. 国家标准规定二甲苯最高允许排放浓度是(　　)。

(A)50 mg/m³　(B)70 mg/m³　(C)90 mg/m³　(D)120 mg/m³

75. 在浸漆过程中最有效的减少废气产生的措施是(　　)。

(A)使用无溶剂漆　(B)使用有溶剂漆

(C)少加稀释剂　(D)少加活性稀释剂

76. 工件烘焙温度为 175 ℃时,其报警温度应设为(　　)。

(A)180 ℃　(B)190 ℃　(C)200 ℃　(D)210 ℃

77. 涂 4 黏度杯的漏嘴孔直径为(　　)。

(A)2 mm　(B)3 mm　(C)4.26 mm　(D)5.28 mm

78. 为了保证绝缘漆长期储存,储漆罐的温度为(　　)。

(A)−10～0 ℃　(B)0～10 ℃　(C)10～20 ℃　(D)20～30 ℃

79. 所有配件从本工序流出必须经过(　　)检查。

(A)质检员　(B)自检　(C)工艺员　(D)班组内部检查人员

80. 银的导热率为(　　)。

(A)0.4 W/(m·℃)　(B)4 W/(m·℃)　(C)42 W/(m·℃)　(D)429 W/(m·℃)

81. 绝缘材料的电导率随环境温度的升高而(　　)。

(A)增大　(B)减小　(C)无关　(D)以上都对

82. 绝缘材料产品型号的编制一般采用四位数,第一位数代表了绝缘材料产品的(　　)。

(A)大类　(B)小类　(C)温度指数　(D)品种的差异

83. 环氧树脂固化前是线型分子结构,不能直接使用,必须用(　　)使其交联。

(A)固化剂　(B)稀释剂　(C)滑石粉　(D)酒精

84. 在绝缘漆固化过程中增进或控制固化反应的物质是(　　)

(A)固化剂　(B)稀释剂　(C)阻聚剂　(D)抗凝剂

85. 使需要浸渍工件分段浸渍,每次浸没一部分绕组,然后转动工件,直至全部绕组均浸过绝缘漆,这种浸渍方式叫(　　)。

(A)滚浸　(B)滴浸　(C)沉浸　(D)真空压力浸

86. T1168 漆黏度工艺指标为(　　)。

(A)60～100 s　(B)100～200 s　(C)200～300 s　(D)300～400 s

87. 在吊运工件过程中,司机对(　　)发出的"紧急停车"信号都应服从。

(A)操作人员　(B)行走人员　(C)任何人员　(D)特殊人员

88. 翻身机翻转 90°所用时间是(　　)。

(A)1～5 s　(B)20～30 s　(C)60～120 s　(D)100～200 s

89. 浸渍 JF9960 树脂时,真空度一般要求为(　　)。

(A)大于 1 500 Pa　(B)小于 1 500 Pa　(C)大于 400 Pa　(D)小于 70 Pa

90. 浸渍 H62C 有机硅树脂时真空度一般要求小于(　　)。

(A)2 000 Pa　(B)1 000 Pa　(C)500 Pa　(D)70 Pa

91. 真空压力浸 T1168 漆时,真空干燥的要求是(　　)。

(A)当真空度≤100 Pa 时,停止抽真空,保持 30 min

(B)当真空度≤200 Pa时,停止抽真空,保持10 min
(C)当真空度≤100 Pa时,停止抽真空,保持10 min
(D)当真空度≤200 Pa时,停止抽真空,保持30 min

92. 极限压力低,则真空度(　　)。
(A)高　(B)低　(C)无关　(D)以上都不对

93. 真空压力浸漆时,真空度一般为(　　)。
(A)≤2 Pa　(B)≤20 Pa　(C)≤200 Pa　(D)≤2 000 Pa

94. 真空压力浸漆时,压力一般要求为(　　)。
(A)0.1～0.2 MPa　(B)0.2～0.3 MPa
(C)0.3～0.4 MPa　(D)0.49～0.6 MPa

95. 真空压力浸漆设备运行的压缩空气源压力为(　　)。
(A)0.006 MPa　(B)0.06 MPa　(C)0.6 MPa　(D)6 MPa

96. 国产真空罗茨泵设备加注的润滑油型号分别是(　　)。
(A)GS77　(B)VM100　(C)VE101　(D)KK-1

97. 真空压力浸漆设备运行的电源电压是(　　)。
(A)110 V　(B)220 V　(C)380 V　(D)690 V

98. 浸漆罐罐体加热采用(　　)为加热介质。
(A)导热油　(B)水　(C)汽油　(D)酒精

99. 油环泵使用的工作介质是(　　)。
(A)变压器油　(B)GS77　(C)VM100　(D)VE100

100. 真空压力浸漆罐属于(　　)容器。
(A)压力　(B)普通　(C)密封　(D)开放

101. 罗茨泵亦称机械式(　　)。
(A)增压泵　(B)减压泵　(C)分压泵　(D)调压泵

102. 罗茨泵的理论抽速与前级泵理论抽速的配比关系为(　　)。
(A)2∶1～4∶1　(B)5∶1～8∶1
(C)9∶1～15∶1　(D)16∶1～20∶1

103. 罗茨泵跟前级泵比较,在较宽的压力范围内有(　　)的抽速。
(A)相同　(B)较小　(C)较大　(D)以上都不对

104. 压缩空气净化干燥器可以将压缩空气的露点降到(　　)。
(A)－100 ℃　(B)－80 ℃　(C)－40 ℃　(D)－60 ℃

105. 真空压力浸漆设备简称为(　　)设备。
(A)VIP　(B)VPI　(C)VCR　(D)VCD

106. 浸漆设备冷却液添加的是(　　)。
(A)酒精　(B)甲苯　(C)乙二醇　(D)二甲苯

107. 真空管路的涂装采用(　　)。
(A)蓝色　(B)淡黄色　(C)绿色　(D)红色

108. 烘焙过程中,烘箱监控人员至少需在(　　)内巡视一次。
(A)1小时　(B)2小时　(C)3小时　(D)4小时

109. 旋转烘焙时工件外缘的线速度为(　　)。

(A)1～5 m/min　　(B)5～10 m/min

(C)50～100 m/min　　(D)15～30 m/min

110. H62C 有机硅树脂固化挥发份要求是(　　)。

(A)≤10%　　(B)≤5%　　(C)≤1%　　(D)≤20%

111. 涂 4 杯黏度计的容量为(　　)。

(A)100 mL　　(B)50 mL　　(C)150 mL　　(D)200 mL

112. 现阶段使用的绝缘漆固化挥发份是(　　)。

(A)15%～20%　　(B)5%～10%　　(C)10%～15%　　(D)≤5%

113. 产品质量是否合格是以(　　)来判断的。

(A)技术标准　　(B)质检员水平　　(C)工艺条件　　(D)工艺标准

114. 加新漆时要做好加漆记录,记录内容包括(　　)。

(A)漆的型号、生产批号、加漆数量、加漆日期及操作者

(B)生产厂家、生产批号、加漆数量、加漆日期及操作者

(C)漆的型号、生产厂家、生产批号、加漆数量、加漆日期及操作者

(D)漆的型号、生产厂家、加漆数量、加漆日期及操作者

115. 测电气设备的绝缘电阻时,额定电压 900 V 以上的设备应选用(　　)兆欧表。

(A)1 000 V 或 2 500 V　　(B)500 V 或 1 000 V

(C)500 V　　(D)400 V

116. 测量 500～1 000 V 交流电动机应选用(　　)的摇表。

(A)2 500 V　　(B)500 V　　(C)1 000 V　　(D)5 000 V

117. 手摇发电机式兆欧表使用前,指针指示在标度尺的(　　)。

(A)任意位置　　(B)"∞"处　　(C)中央处　　(D)"0"处

118. 测量 380V 电动机定子绕组的绝缘电阻应该用(　　)。

(A)500 V 兆欧表　　(B)万用表　　(C)1 000 V 兆欧表　　(D)2 500 V 兆欧表

119. 测量定子的介质损耗时,如果其增量大,表明工件的浸漆效果(　　)。

(A)好　　(B)不好　　(C)无关　　(D)以上都不对

120. 若绕组的对地绝缘电阻为零,说明电机绕组已经(　　)。

(A)短路　　(B)匝短　　(C)接地　　(D)以上都不对

121. 正确检测电机匝间绝缘的方法是(　　)。

(A)中频匝间试验和匝间脉冲试验　　(B)测量绝缘电阻

(C)工频对地耐压试验　　(D)测量线电阻

122. 线圈匝间绝缘损坏击穿的原因是由(　　)而引起的。

(A)电机短时过载　　(B)匝间电压过高或匝间绝缘损坏

(C)电机绕组电阻大　　(D)电机绕组电阻小

123. 电机三相电流平衡试验时,如果线圈局部过热,则可能是(　　)。

(A)极性接错　　(B)极对数接错　　(C)并联支路数接错　(D)匝间短路

124. 电气试验人员进入作业区要穿(　　)。

(A)绝缘鞋　　(B)布鞋　　(C)胶鞋　　(D)皮鞋

125. 交流电机(　　)的目的是考核绕组绝缘的介电强度,保证绕组绝缘的可靠性。

(A)三相电流平衡试验　　(B)绝缘电阻测定

(C)耐压试验　　(D)空转检查

126. 交流电机耐压试验时,施加电压从试验电压值的50%开始,逐步增加,以试验电压值的(　　)均匀分段增加到全值。

(A)20%　　(B)10%　　(C)5%　　(D)30%

127. 耐压试验是在绕组与机壳或铁芯之间和各相绕组之间加上50 Hz的高压交流电试验电压,试验(　　)min,绝缘应无击穿现象。

(A)7　　(B)3　　(C)5　　(D)1

128. 定子铁芯线圈出罐后,装工装前检查产品的主要项点包括(　　)。

(A)铁芯表面应无损伤　　(B)线圈无损伤、无变形

(C)槽楔无松动,传感器线完好　　(D)ABC全是

129. 管螺纹的牙型符号是(　　)。

(A)Tr　　(B)G　　(C)S　　(D)M

130. 普通螺纹按螺距分为粗牙螺纹和细牙螺纹,(　　)。

(A)粗牙螺纹连接强度较高　　(B)两种连接强度不一定哪个高

(C)两种连接强度一样　　(D)细牙螺纹连接强度较高

131. 下面是细牙螺纹的是(　　)。

(A)M18×2　　(B)M16×2　　(C)M20×2.5　　(D)M24×3

132. 清铲过丝时,应保持丝锥的中心线与螺孔中心线(　　)。

(A)水平　　(B)有一定的角度要求

(C)倾斜　　(D)重合

133. Pt100就是指(　　)的阻值是100 Ω。

(A)−10 ℃　　(B)0 ℃　　(C)20 ℃　　(D)23 ℃

134. 由于涂料施工所使用的材料绝大多数是(　　)物质,所以存在火灾与爆炸的危险。

(A)有毒　　(B)固态　　(C)易燃　　(D)液态

135. 涂料稀释剂是有毒和易燃品,应注意安全使用和(　　),操作人员应穿戴好劳动保护用品。

(A)妥善保管　　(B)潮湿处存放　　(C)露天存放　　(D)随意存放

136. 空气喷涂中,为了净化空气,使喷涂光滑平整,应当采用净化设备(　　)。

(A)射水抽水器　　(B)过滤器　　(C)油水分离器　　(D)精过滤器

137. 喷涂最普遍采用的方法是(　　)。

(A)静电喷涂法　　(B)空气喷涂法　　(C)流化喷涂法　　(D)液化喷涂法

138. 表面预处理要达到的主要目的就是增强涂膜对物体表面的(　　)。

(A)遮盖力　　(B)着色力　　(C)厚度　　(D)附着力

139. 涂膜的硬度与其干燥程度有关,一般来说,涂膜干燥越彻底,硬度(　　)。

(A)会越高　　(B)无变化　　(C)反而差　　(D)以上都不对

140. 9811漆的固化剂与底漆按质量比(　　)配比。

(A)4∶1　　(B)1∶4

(C)1∶1　　(D)根据环境温度,凭经验配比

141. 通过人身的交流安全电流规定在(　　)以下。

(A)1 mA　　(B)10 mA　　(C)100 mA　　(D)1 000 mA

142. 作为质量管理的一部分,(　　)致力于提供质量要求会得到满足的信任。

(A)质量策划　　(B)质量控制　　(C)质量改进　　(D)质量保证

143. 原先顾客认为质量好的产品因顾客要求的提高而不再受到欢迎,这反映了质量的(　　)。

(A)经济性　　(B)广义性　　(C)时效性　　(D)相对性

144. 实现顾客满意的前提是(　　)。

(A)了解顾客的需求　　(B)制定质量方针和目标

(C)使产品或服务满足顾客的需求　　(D)注重以顾客为中心的理念

145. 企业对其采购产品的检验是(　　)检验。

(A)第三方　　(B)第一方　　(C)仲裁方　　(D)第二方

146. 只有在(　　)通过后才能进行正式批量生产。

(A)首件检验　　(B)进货检验　　(C)过程检验　　(D)自检

147. 配备灭火器数量应与下列有关的是(　　)。

(A)房间面积　　(B)火灾危险程度

(C)房间面积和火灾危险程度　　(D)房间位置

148. 发生火灾后,应拨打电话(　　)。

(A)119　　(B)110　　(C)122　　(D)120

149. 发生火警在未确认切断电源时,灭火严禁使用(　　)。

(A)四氯化碳灭火器　　(B)二氧化碳灭火器

(C)酸碱泡沫灭火器　　(D)干粉灭火器

150. 在三相对称绕组中通入三相对称正弦交流电产生(　　)。

(A)恒定磁场　　(B)旋转磁场　　(C)脉动磁场　　(D)匀强磁场

151. 绕组在嵌装过程中,(　　)绝缘最易受机械损伤。

(A)端部　　(B)鼻部　　(C)槽口　　(D)槽中

152. 绕组的冷态电阻是指在(　　)测取的阻值。

(A)环境 15 ℃时　　(B)电机空转后

(C)电机试验后　　(D)电机各部位温度约等于环境温度

153. 直流牵引电动机钢丝绑扎一般选用(　　)。

(A)普通钢丝　　(B)无磁钢丝　　(C)磁性钢丝　　(D)无纬带

154. 从技术性能、经济、价格来考虑(　　)是合适的普通导电材料。

(A)金和银　　(B)铜和铝　　(C)铁和锡　　(D)铅和钨

155. 应用极广的磁性材料是(　　)磁性物质。

(A)铜　　(B)铝　　(C)铁　　(D)银

三、多项选择题

1. 电路即导电的回路,由(　　)和控制设备等组成。

(A)电源　　(B)负载　　(C)连接导线　　(D)电阻

2. 一般三相电源，通常都联成(　　)。

(A)三角形　(B)星形　(C)V形　(D)Z形

3. 如果一对孔轴装配后无间隙，则这一配合可能是(　　)。

(A)间隙配合　(B)过盈配合

(C)过渡配合　(D)三者均可能

4. 误差的来源主要有(　　)等方面。

(A)计量器具误差　(B)基准误差

(C)方法误差　(D)环境及人为误差

5. 用万用表测量电阻时应注意(　　)。

(A)准备测量电路中的电阻时，应先切断电源，切不可带电测量

(B)选择适当的倍率档，然后接零

(C)测量时双手不可碰到电阻引脚及表笔金属部分

(D)测量电路中某一电阻时，应将电阻的一端断开

6. 下列有关公差等级的论述中，不正确的有(　　)。

(A)公差等级高，则公差带宽

(B)在满足要求的前提下，应尽量选用高的公差等级

(C)公差等级的高低，影响公差带的大小，决定配合的精度

(D)孔轴相配合，均为同级配合

7. 下列关于公差与配合的选择的论述不正确的是(　　)。

(A)从经济上考虑应优先选用基孔制

(B)在任何情况下应尽量选用低的公差等级

(C)配合的选择方法一般有计算法类比法和调整法

(D)从结构上考虑应优先选用基轴制

8. 下面是蜗杆传动的优点的是(　　)。

(A)传动比大　(B)传动平稳　(C)效率高　(D)有自锁作用

9. 下面是基本视图的是(　　)。

(A)主视图　(B)左视图　(C)右视图　(D)俯视图

10. 一张完整的零件图样应包括(　　)。

(A)视图　(B)尺寸　(C)技术要求　(D)标题栏

11. 配合可分为(　　)。

(A)间隙配合　(B)过渡配合　(C)过盈配合　(D)紧凑配合

12. 标注粗糙度的代码时应包括(　　)。

(A)数值　(B)尺寸线

(C)尺寸界线　(D)可见轮廓线

13. 平面图形中的尺寸按照作用分为(　　)。

(A)基准尺寸　(B)定形尺寸

(C)定量尺寸　(D)定位尺寸

14. 对于切割型的组合体，看图时不能用(　　)。

(A)线分析法　(B)形体分析法

(C)面分析法　　(D)原始分析法

15. 同一零件在各剖视图中,剖面线的方向和间隔不能(　　)。

(A)互相相反　　(B)保持一致

(C)宽窄不等　　(D)宽窄相等

16. Word 具有的功能是(　　)。

(A)表格处理　　(B)绘制图形　　(C)自动更正　　(D)字数统计

17. 关于 Word 中的多文档窗口操作,以下叙述中正确的是(　　)。

(A)文档窗口可以拆分为两个文档窗口

(B)多个文档编辑工作结束后,只能一个一个地存盘或关闭文档窗口

(C)允许同时打开多个文档进行编辑,每个文档有一个文档窗口

(D)多文档窗口间的内容可以进行剪切、粘贴和复制等操作

18. 金属材料常用的力学性能有(　　)。

(A)弹性　　(B)塑性　　(C)强度　　(D)硬度

19. 钢的热处理的种类包括(　　)。

(A)退火　　(B)回火　　(C)正火　　(D)淬火

20. 电阻的单位有(　　)。

(A)mΩ　　(B)Ω　　(C)kΩ　　(D)MΩ

21. 黏度的单位是(　　)。

(A)Pa·s　　(B)m^2/s　　(C)s　　(D)Pa

22. 黏度单位换算正确的是(　　)。

(A)1 cP=1 mPa·s　　(B)1 P=0.1 Pa·s

(C)1 cP=1 Pa·s　　(D)1 P=100 cP

23. 电机的绝缘处理一般具有和存在(　　)等特点和不安全因素。

(A)易燃易爆　　(B)有毒　　(C)高温　　(D)腐蚀性强

24. (　　)会降低绝缘物绝缘性能或导致破坏。

(A)腐蚀性气体　　(B)粉尘　　(C)潮气　　(D)机械损伤

25. 绝缘材料的性能有(　　)。

(A)良好的耐热性　　(B)良好的耐潮性

(C)良好的介电性能　　(D)良好的机械强度

26. 绝缘漆一般是由(　　)组成。

(A)树脂　　(B)稀释剂　　(C)固化剂　　(D)引发剂

27. 绝缘材料主要性能包括(　　)。

(A)电气性能　　(B)热性能

(C)力学性能　　(D)理化性能

28. 绝缘漆按使用范围及形态分为(　　)。

(A)浸渍绝缘漆　　(B)覆盖绝缘漆　　(C)硅钢片绝缘漆　　(D)漆包线绝缘漆

29. 固化后的绝缘漆具有优良的(　　)等性能。

(A)耐酸　　(B)耐碱　　(C)耐溶剂　　(D)耐潮

30. 浸漆过程一般都存在(　　)等特点和不安全因素。

(A)易燃　(B)易爆　(C)有毒　(D)腐蚀性强

31. 无溶剂漆关键技术指标有(　　)等。

(A)黏度　(B)凝胶时间　(C)厚层固化能力　(D)固化挥发物含量

32. 绝缘漆的用途有(　　)。

(A)浸渍　(B)外观装饰　(C)覆盖　(D)胶粘

33. 下面是活性稀释剂的是(　　)。

(A)甲基苯乙烯　(B)乙烯基甲苯　(C)二甲苯　(D)水

34. 有溶剂浸渍漆的缺点包括(　　)。

(A)不安全性　(B)毒性　(C)浪费资源　(D)易燃易爆

35. 无溶剂浸渍漆的优点有(　　)。

(A)绝缘层致密　(B)浸漆次数少　(C)无溶剂挥发　(D)漆价便宜

36. 电机绕组的绝缘处理过程包括(　　)过程。

(A)预烘　(B)浸渍　(C)干燥　(D)试验

37. 电机浸渍的质量决定于(　　)。

(A)浸渍时工件的温度　(B)漆的黏度

(C)浸渍次数　(D)浸渍时间

38. 电机绕组常用浸渍方法有(　　)。

(A)沉浸　(B)滴浸　(C)真空压力浸　(D)滚浸

39. 真空压力浸渍能大大提高电机的(　　)。

(A)防潮性能　(B)导热性能　(C)电气性能　(D)机械强度

40. 对工装模具重要度描述正确的是(　　)。

(A)A类:关键工装　(B)B类:重要工装

(C)C类:一般工装　(D)D类:特殊工装

41. 关于工装涂色描述正确的是(　　)。

(A)A类:红色　(B)B类:蓝色　(C)C类:黄色　(D)C类:绿色

42. 操作者发现工装模具状态不好时应向(　　)等人员反馈。

(A)设备员　(B)工装员　(C)调度员　(D)工艺员

43. 工装模具不合格表现在(　　)。

(A)尺寸超差　(B)表面磨损　(C)棱边毛刺　(D)形状变形

44. 绝缘漆按安全性分类,分为(　　)。

(A)阻燃漆　(B)无苯漆　(C)无毒漆　(D)滴浸漆

45. 现使用的绝缘漆有(　　)。

(A)T1168　(B)H62C　(C)JF9960　(D)EMS781

46. 实施浸漆处理工艺的设备包括(　　)。

(A)浸漆设备　(B)烘焙设备　(C)吊运设备　(D)试验设备

47. 设备修理工作,按工作量大小分为(　　)。

(A)大修　(B)中修　(C)小修　(D)定保

48. 对设备操作人员的"三好"要求是(　　)。

(A)管理好设备　(B)使用好设备　(C)养修好设备　(D)擦拭好设备

49. 对设备操作人员的要求包括( )。
(A)会使用 (B)会维护 (C)会检查 (D)会排除故障
50. 设备维护保养的要求包括( )。
(A)整齐 (B)清洁 (C)润滑 (D)安全
51. 浸渍 H62 树脂的产品根据产品种类不同,进罐温度有( )。
(A)35~40 ℃ (B)60~65 ℃ (C)70~80 ℃ (D)室温
52. 真空泵的冷却采用( )。
(A)水冷 (B)风冷 (C)氢气冷 (D)液氮冷
53. 浸漆罐一般采用( )的输漆方式。
(A)罐口输漆 (B)罐底输漆 (C)上输漆 (D)下输漆
54. 真空系统由( )部分组成。
(A)真空机组 (B)真空阀门 (C)真空管路 (D)真空仪表
55. 真空压力浸漆罐的罐口密封形式为( )。
(A)动盖式 (B)动圈式 (C)插销式 (D)互动式
56. 罗茨真空泵的润滑部位有( )。
(A)轴封处 (B)齿轮 (C)轴承处 (D)端盖
57. 旋转式真空泵包括( )。
(A)油封式真空泵 (B)液环真空泵
(C)干式真空泵 (D)罗茨真空泵
58. 预烘的时间应考虑( )。
(A)工件的大小 (B)烘箱内工件数量
(C)烘箱的温度 (D)烘箱内空气流动的速度
59. 绕组烘干常采用( )。
(A)烘箱烘干法 (B)灯泡烘干法
(C)电流烘干法 (D)太阳照射法
60. 烘箱的加热形式通常( )。
(A)蒸汽加热 (B)电加热 (C)燃气加热 (D)太阳能加热
61. 设备电气线路图可以用( )表示。
(A)原理图 (B)接线图 (C)机械图 (D)示意图
62. 绝缘漆常用( )测量黏度。
(A)涂 4 杯黏度计 (B)旋转黏度计
(C)毛细管黏度计 (D)超声波黏度计
63. 绝缘浸渍漆黏度检测测试中的关键项点有( )。
(A)精确控制漆的温度 (B)测量漆的温度
(C)漆的颜色 (D)漆的味道
64. 有溶剂绝缘漆使用过程中黏度不在工艺规定的范围内时,可加适量( )调整黏度。
(A)稀释剂 (B)固化剂 (C)新绝缘漆 (D)稳定剂
65. 影响相对介电常数与介质损耗因数的因素有( )。
(A)电压 (B)频率 (C)温度 (D)湿度

66. 浸漆车间主要测量电机电性能的项目有(　　)。
(A)介质损耗　(B)电容　(C)极化指数　(D)吸收比
67. 为了判断浸漆的质量,可以通过制作模卡,测试(　　)来予以表征。
(A)介质损耗　(B)逐级耐压　(C)胶含量　(D)固化率
68. 影响绝缘电阻系数的因素有(　　)。
(A)温度　(B)潮湿　(C)杂质　(D)电场强度
69. 测量绝缘电阻时,影响准确性的因素有(　　)。
(A)温度　(B)湿度
(C)绝缘表面的脏污程度　(D)测试时间
70. 按照电压的高低可将其分为(　　)。
(A)安全电压　(B)低压　(C)高压　(D)超高压以及特高压
71. 下面基本绝缘安全用具,(　　)应用于高压。
(A)绝缘棒　(B)绝缘夹钳　(C)高压试电笔　(D)低压试电笔
72. 影响电流对人体伤害程度的主要因素有(　　)。
(A)电流的大小　(B)通电时间的长短
(C)电压的高低　(D)人体状况
73. 安全色是表达安全信息含义的颜色,表示(　　)等。
(A)禁止　(B)警告　(C)指令　(D)提示
74. 国家规定的安全色有(　　)。
(A)红色　(B)蓝色　(C)黄色　(D)绿色
75. 绝缘材料发生击穿的原因大致为(　　)。
(A)电击穿　(B)热击穿　(C)放电击穿　(D)冷击穿
76. 普通外螺纹的精度等级分为(　　)。
(A)精密　(B)中等　(C)粗糙　(D)标准
77. 同一直径 d 的普通螺纹,按螺距 P 大小分为(　　)。
(A)粗牙　(B)细牙　(C)内螺纹　(D)外螺纹
78. 油漆组成包括(　　)。
(A)树脂/基料　(B)颜料
(C)分散介质(溶剂、水)　(D)助剂
79. 下面是表面漆的是(　　)。
(A)1357-2　(B)193　(C)1168　(D)9960
80. 覆盖漆的涂覆方法有(　　)。
(A)喷涂　(B)刷涂　(C)浸涂　(D)手抹
81. 涂料的主要作用有(　　)。
(A)保护作用　(B)装饰作用
(C)标志作用　(D)特殊作用
82. 电机使用的覆盖漆的要求有(　　)。
(A)干燥快　(B)附着力强　(C)漆膜坚硬　(D)机械强度高
83. 表面漆使用前应确认它的(　　)。

(A)保质期　(B)牌号　(C)颜色　(D)出厂日期

84. 表面漆的雾化不好,可能的原因是(　　)。

(A)表面漆太稠　(B)压力太低　(C)枪嘴太大　(D)空气量不够

85. 树脂漆膜物理性能包括(　　)。

(A)光泽　(B)附着力　(C)耐候性　(D)耐溶剂性

86.“四不伤害”原则包括(　　)。

(A)不伤害自己　(B)不被他人伤害

(C)不伤害他人　(D)不让他人伤害他人

87. 安全检查的对象包括(　　)。

(A)人的不安全行为　(B)物的不安全状态

(C)环境的不良因素　(D)设备缺陷

88. 事故应急预案的目的是(　　)。

(A)抑制突发事故的发生　(B)减少事故对员工和居民的环境危害

(C)控制事故的发生　(D)体系认证的需要

89.“三级安全教育”包括(　　)。

(A)公司级　(B)车间级　(C)班组级　(D)师傅级

90. 质量是一组固有特性满足要求的程度,以下有关“固有特性”的陈述正确的是(　　)。

(A)固有特性是永久的特性

(B)固有特性是可区分的特性

(C)固有特性与赋予特性是相对的

(D)一个产品的固有特性不可能是另一个产品的赋予特性

91. 质量检验的结果要与(　　)的规定进行对比,才能对产品质量进行判定。

(A)产品使用说明　(B)产品技术图样

(C)技术标准　(D)检验规程

92. 各类作业人员必须做到三懂,包括(　　)。

(A)懂本岗位生产过程中火灾的危害性　(B)懂本岗位预防火灾的措施

(C)懂本岗位火灾的扑救方法　(D)懂逃生方法

93. 直流电动机的励磁方式可分为(　　)。

(A)他励　(B)并励　(C)串励　(D)复励

94. 发电机常用的冷却介质有(　　)三种。

(A)空气　(B)氢气　(C)水　(D)油

95. 电机的结构主要包括(　　)。

(A)定子　(B)转子　(C)换向器　(D)线圈

四、判 断 题

1. 交流电是指电流的方向始终保持不变,即由正极流向负极。(　　)

2. 串联电路之中各处的电流不等,电压相等;并联电路当中各个并联点的电压相等,但并联支路的电流不等。(　　)

3. 电导表示导体导通电流能力的大小,电导越大,电阻越小,电导与电阻的关系是正比。(　　)

4. 负载的功率等于负载两端的电压和通过负载的电流之差。(   )

5. 电压相同的交流电和直流电，交流电对人的伤害大。(   )

6. 表面电阻与绝缘体表面上放置的导体的长度成正比，与导体间绝缘体表面的距离成正比。(   )

7. 绝缘体的体积电阻与导体间绝缘体的厚度成反比，与导体和绝缘体接触的面积成正比。(   )

8. 电阻率不仅与绝缘材料的性能有关，还与绝缘系统的形状和尺寸相关；而绝缘电阻则完全决定于绝缘材料的性能。(   )

9. 为了减少线路损耗，应把输电线做得更粗一些。(   )

10. 380 V 指的是线电压，即线与相间的电压，如 A 相的电压就是 380 V。(   )

11. 非线性电阻的伏安关系特性曲线不是一条直线。(   )

12. 线性电阻的伏安关系特性曲线是一条抛物线。(   )

13. 基尔霍夫电流定律的理论基础是电流连续性原理。(   )

14. 基尔霍夫电流定律对于电路中某个封闭回路是适用的。(   )

15. 电路中任意两点间的电压降等于从其假定的高电位端沿任一路径到其低电位端时，途中各元件的电压降之差。(   )

16. 在列写基尔霍夫电压方程时，要选定一个绕行方向，即各元件电压降与绕行方向一致的取负，相反取正。(   )

17. 在线性电路中，叠加原理能够适用于电压、电流的计算。(   )

18. 叠加原理不适用于非线性电路。(   )

19. 通常的说的 1 kW · h 可以这样理解：额定功率为 1 kW 的电器在额定状态下工作 1 h，所消耗的电能。(   )

20. 电路中所有元件所吸收的电功率均为正值。(   )

21. 电容和电感元件都是储能元件，电容储存的是电场能，电感储存的是电磁能。(   )

22. 当穿过线圈的磁通发生变化时，在线圈中就会产生感应电动势，磁场变化的趋势不同，感应电动势的方向不随之改变。(   )

23. 线圈中的感应电动势方向与穿过线圈的磁通方向符合右手螺旋定则。(   )

24. 左手定则是这样描述的：伸开左手手掌，让磁力线垂直穿过手心，使拇指与其他四指垂直，四指伸直指向电流方向，则拇指的指向是导体的受力方向。(   )

25. 根据欧姆定律，电介质的电阻 $R=U/I$，电导 $G=1/R$。(   )

26. 线路上淡蓝色代表工作零线，接地圆钢或扁钢涂黑色，黄绿双色绝缘导线代表保护线。(   )

27. 由三个频率相同，振幅相等，相位依次互差 120°的交流电势组成的电源，称为三相交流电源。(   )

28. 三相交流电的幅值、频率相同，相位相差 120°。(   )

29. 磁感应强度(磁力)线是无头、无尾、连续的闭合曲线，每根磁感应强度(磁力)线都不与任何其他磁感应强度线相交。(   )

30. 铁磁物质的被磁化能力与温度有关，当温度增加则被磁化能力减弱。(   )

31. 如果载流导体与磁场方向平行，导体受电磁力为零。(   )

32. 要使载流导体在磁场中受力方向发生变化可采取改变电流方向或者磁感应强度的方向方法。(　　)

33. 任何复杂的零件都可以看作由若干个基本几何体组成。(　　)

34. 设计图样上所采用的基准称为设计基准。(　　)

35. 形位公差的基准要素是指用来确定被测要素方向或位置的要素。(　　)

36. 零件加工表面粗糙度要求越低,生产成本就提高。(　　)

37. 制造零件的公差越小越好。(　　)

38. 绘图时,图纸上的比例为 2∶1,是指图形大小为实物大小的 2 倍。(　　)

39. 公差等于最大极限尺寸与最小极限尺寸的代数差。(　　)

40. 将零件向不平行任何基本投影面所得的视图称为斜视图。(　　)

41. 形状公差符号"○"表示圆柱度。(　　)

42. 用剖切平面局部地剖开机件所得的剖视图称为半剖视。(　　)

43. 标注尺寸时不允许出现封闭的尺寸链。(　　)

44. 圆柱齿轮传动用于两轴平行。(　　)

45. 位置公差符号"//"表示平行度。(　　)

46. 带传动具有过载时会产生打滑现象的特点。(　　)

47. Word 文档的扩展名是".doc"。(　　)

48. 在 Word 的编辑状态中,"粘贴"操作的组合键是"Ctrl+V"。(　　)

49. 和广域网相比,局域网有效性好可靠性也高。(　　)

50. 绝缘老化的方式主要有环境老化、热老化和电老化三种。(　　)

51. 绝缘材料在使用过程中出现剥层、表面打折的现象会导致绝缘性能下降。(　　)

52. 绝缘材料是绝对不导电的材料。(　　)

53. 绝缘材料超过储存期应全部报废。(　　)

54. 电机浸渍的质量决定于浸渍工件的温度、漆的黏度、浸渍次数和时间。(　　)

55. 生产前需仔细阅读工艺文件,准备好相应的工具、工装和材料。(　　)

56. 直流转子浸漆前检查项点包括铁芯表面是否损伤,线圈是否损伤、变形,槽楔是否松动,换向器是否有损伤。(　　)

57. 工件进罐前,必须用高压风或其他方法清除掉工件表面的各种杂质。(　　)

58. 工装装配前必须检查工装状态是否满足使用要求,是否存在安全隐患。(　　)

59. 在调整完绝缘漆的黏度后,浸漆设备必须小循环 1~2 小时。(　　)

60. 有溶剂漆黏度偏高,可通过添加新漆和稀释剂来调整。(　　)

61. 浸渍漆分为有溶剂漆和无溶剂漆。(　　)

62. 绝缘漆属于化学物品,侵入途径包括吸入、食入、经皮肤吸收。(　　)

63. 绝缘漆与皮肤接触急救措施是脱去污染的衣物,用肥皂和清水冲洗皮肤。(　　)

64. 绝缘漆与眼睛接触急救措施是提起眼睑,用大量清水冲洗,如仍感刺激应及时就医。(　　)

65. 吸入绝缘漆后急救措施是迅速离开现场到空气清新处,如呼吸困难等给输氧。(　　)

66. 误食入绝缘漆后急救措施是立即漱口饮水,就医、洗胃。(　　)

67. 浸漆过程属于特殊过程。(　　)

68. 工件预烘后不能直接进罐,必须冷却至室温。( )

69. 定子传感器线线头必须固定在漆液面以上。( )

70. 操作浸漆设备前应检查设备状态,排除故障和隐患。( )

71. 定子铁芯线圈装配吊运时一般使用C型吊具。( )

72. 装拆工装时天车操作人员必须与地面操作人员默契配合,必须保证人身安全及工件安全,确保安全生产。( )

73. 使用绳索吊具时首先选择合适吨位的吊具,然后再检查吊具是否完好。( )

74. 工件与工装装配时必须两人操作,扶好工件,指挥天车缓慢下落,避免事故发生。( )

75. 牵引电机在浸完漆后滴漆时间越长越好。( )

76. 工件必须在橡皮软垫上翻身或在规定的翻身装置上翻身。( )

77. 浸渍漆的黏度越小,渗透性就越好,工件的浸漆质量就越好。( )

78. 普通浸渍时要求工件温度越高越好。( )

79. 牵引电机浸渍漆的漆膜越厚,产品的性能越不好。( )

80. 普通浸漆时,要求绝缘漆的温度越低越好。( )

81. EMS781 浸渍树脂的产品进罐温度一般是 70~80 ℃。( )

82. H62 浸渍树脂的产品进罐温度一般是 35~40 ℃。( )

83. 储漆罐的绝缘漆制冷方式有直接制冷和间接制冷两种。( )

84. T1168 绝缘漆输漆时漆温控制在 25~30 ℃。( )

85. JF9960 浸渍树脂输漆时温度控制在 35~40 ℃。( )

86. 贮漆罐液位计“0”位是罐底最低点。( )

87. 真空压力浸漆时,压力的作用是提高绝缘漆渗透能力。( )

88. 真空压力浸漆过程中,加压时不可以直接用高压风。( )

89. VPI 设备运行时非运行操作人员不得操作任何按键和开关,运行操作人员必须按工艺要求输入各种参数并做好各种记录,确保工件的 VPI 质量和可追溯性。( )

90. 设备操作者在工件浸漆时要认真监控设备参数,保存浸漆历史曲线,并填写 VPI 工艺记录。( )

91. 每罐次浸漆结束后,需将工件号、操作者等信息录入浸漆曲线。( )

92. 浸漆罐分为立式和卧式两种。( )

93. 真空机组由初级泵、罗茨泵组成。( )

94. 油环泵的工作介质为变压器油。( )

95. 经浸渍漆浸渍过后的电机烘焙温度越高越不好。( )

96. 对 F 级所用绝缘漆的烘焙温度一般为 100 ℃。( )

97. 电机在烘焙过程中,温度越高绝缘电阻就越大。( )

98. 工件进烘箱烘焙前,必须检查烘焙支架是否水平,烘焙支架滚轮是否转动灵活,确保烘焙安全。( )

99. 工件的烘焙方式分为静止烘焙和旋转烘焙。( )

100. 旋转烘焙的作用是减少绝缘漆的流失。( )

101. 交流定子经浸渍漆浸渍后烘焙时间越长对产品的性能越好。( )

102. 工件烘白坯时可以用木块做垫块。( )

103. 对浸渍不同绝缘漆的电机,烘焙温度一般不同。(　　)
104. 工件在预烘焙过程中,烘焙温度是不可调整的。(　　)
105. 用兆欧表测量绝缘电阻前电气设备必须切断电源。(　　)
106. 用万用表的欧姆档能判断绕组是否存在接地现象。(　　)
107. 当三相绕组的相间绝缘电阻低于 0.5 MΩ 时,电机的相间绝缘一定损坏了。(　　)
108. 绕组绝缘电阻的大小能反映电机在冷态或热态时的绝缘质量。(　　)
109. 测量三相异步电动机绕组对地绝缘电阻就是测量绕组对机壳的绝缘电阻。(　　)
110. 电阻的大小还和温度、湿度等因素有关,一般来说对于同一电阻温度越高时电阻值越大,湿度越大时阻值越小。(　　)
111. 测量绝缘电阻通常使用兆欧表。(　　)
112. 定子进行浸水试验的目的是检查绕组绝缘的防潮性能。(　　)
113. 需浸水的工件,水位能超过整个线圈的 2/3 即可。(　　)
114. 电机绕组嵌线后必须进行对地耐压和匝间耐压检查。(　　)
115. 用万用表的欧姆档能判断绕组是否存在匝间短路。(　　)
116. 直流电机的匝间耐压试验就是工频耐压试验。(　　)
117. 定子浸漆工装和旋烘工装的止口配合面必须清理干净,不允许有漆瘤存在。(　　)
118. 为保证电机外观质量,需将定子内外表面擦拭干净。(　　)
119. 转子出罐后,需将转轴表面擦洗干净。(　　)
120. 主发转子浸漆后平衡槽内残余绝缘漆可以不清理。(　　)
121. 上岗前需穿戴好工作服工作裤劳保鞋,打磨和喷漆时必须带好防毒面具。(　　)
122. 工件在运输过程线圈发生磕碰伤,可以私下处理。(　　)
123. 铁芯表面的漆膜在清理时可以不打磨。(　　)
124. 铁芯线圈类定子只需清理铁芯与机座配合部位漆膜即可。(　　)
125. 逆时针方向旋进的螺纹称为右旋螺纹。(　　)
126. 浸漆烘焙后所有的螺孔都可以用风扳机过丝。(　　)
127. M24×2 表示直径为 24 mm,螺距为 2 mm 的细牙螺纹。(　　)
128. 攻丝时必须用手拧入相应位置的螺孔中 3 扣以上,然后用十字绞手或风枪进行再攻丝。(　　)
129. 所有大于 M16 的螺孔都可以用风动扳手攻丝。(　　)
130. 空气喷涂表面漆时,压缩空气压力必须调整到最大。(　　)
131. 空气喷涂表面漆时,压缩空气必须经过油水分离器才能使用。(　　)
132. 表面漆使用前需充分搅拌均匀使底层的色浆全部化开,保证油漆混合均匀、彻底。(　　)
133. 表面漆喷涂前应使用涂 4 黏度计测量黏度。(　　)
134. 双组分表面漆按当日需量调配,无使用期限。(　　)
135. 表面漆使用前必须摇晃均匀,以防漆液长期放置发生分层现象。(　　)
136. 为防止浸漆厂房发生火灾或爆炸,在浸漆房内应杜绝明火和电火花。(　　)
137. 遇有电气设备着火时,应立即将该设备的电源切断,然后进行灭火 。(　　)
138. 在有毒物地带作业时,操作者应按工艺和操作规程要求严格做好个人防护工作。

(　　)

139. 浸漆前应清洁现场,保证现场整洁,无油污、粉尘等异物,严禁明火。(　　)

140. 员工应有技能培训计划最终达到"三三三"原则(一人三序,一序三人,三人具备全线通),可实现弹性作业。(　　)

141. 作业等待是一种浪费。(　　)

142. (C)T 是指作业节拍。(　　)

143. 5S 管理的关键是做好清洁工作。(　　)

144. 温度的升高能使铜、铝的电阻率增加。(　　)

145. 电机的轴、端盖等具有互换性,电机整机不具有互换性。(　　)

146. 一般型电机中,轴承盖与轴的配合为间隙配合;端盖与机座止口的配合为过渡配合;转子铁芯与轴的配合为过盈配合。(　　)

147. 直流电机电枢反应不仅使主磁场发生畸变,而且还产生去磁作用。电枢电流越大,则畸变越强烈,去磁作用越大。(　　)

148. 直流电机电枢对地短路,一种是电枢绕组对地短路,另一种是换向器对地短路。(　　)

149. 直流电机电枢绕组的引线头在换向器上的位置不正确时,不仅造成嵌线困难,而且造成换向不良、速率超差。(　　)

150. 笼形异步电动机在运行时,转子导体有电动势及电流存在,因此转子导体与转子铁芯之间不需要绝缘。(　　)

151. 直流牵引电动机定子装配过程中,通过对换向极的等分度和内径的检测减少对电机的换向情况的影响。(　　)

152. 在直流电动机中,励磁绕组是用来产生主磁场的。(　　)

153. 在电动机切断电源后,采取一定的措施,使电动机迅速停车,称为制动。(　　)

154. 三相异步电动机改变转子电阻的大小,最大转矩不变。(　　)

155. 三相异步电动机的变极调速多用于鼠笼式电动机。(　　)

五、简 答 题

1. 浸漆处理除去的是什么?
2. 浸漆处理提高绝缘的什么性能?
3. 电机绕组进行浸漆处理的目的是什么?
4. 牵引电机在浸漆处理后粘接成整体,为什么机械强度提高了?
5. 解释绝缘材料老化的原因。
6. 用电设备中所用的绝缘材料,其基本作用是什么?
7. 根据 GB/T 11021—2006,绝缘材料耐热性分级可分为哪几级?
8. 电气线路中的短路指的是什么?
9. 脱模剂的作用是什么?
10. 造成绝缘电击穿的因素有哪些?
11. 什么是介电常数?
12. 在绝缘处理过程中易于产生爆炸事故有哪两种情况?

13. 怎样预防有机溶剂和稀释剂的毒性对人的影响?
14. 稀释剂有什么作用?
15. 名词解释:滴浸。
16. 输漆时要对浸渍漆进行加热有什么作用?
17. 沉浸的工作原理是什么?
18. 真空压力浸漆时,真空的作用是什么?
19. 真空压力浸漆时,压力有什么作用?
20. 真空压力浸漆设备中,冷凝器的目的是什么?
21. 真空压力浸漆设备中,罐壁加热系统有什么作用?
22. 真空压力浸漆时加压的高压风为什么要进行干燥?
23. 为什么回漆时要对浸渍漆进行冷却?
24. 浸渍次数的选取标准是什么?
25. VPI 设备有哪些系统组成?
26. 简述普通浸渍的工艺过程。
27. 简述真空压力浸漆工艺过程。
28. 浸漆前浸漆罐为什么要进行罐体加热?
29.“真空压力浸渍”的英文缩写及真空的全拼是什么?
30. 简单说明压力与真空度的关系。
31. 真空计按测量原理分哪几种?
32. 间接测量真空计包括哪些?
33. 麦克劳真空计按测量原理是什么真空计?
34. 皮拉尼真空计按测量原理是什么真空计?
35. 现车间使用的罗茨泵有哪些,所用润滑油分别是什么?
36. 什么是真空?
37. 真空泵有什么用途?
38. 真空泵停机时为什么要在进口端打开气镇阀?
39. 什么是真空泵?
40. 什么是机械式真空泵?
41. 罗茨真空泵是什么类型的真空泵?
42. 罗茨泵的极限真空取决于什么?
43. 旋转式真空泵的工作原理是什么?
44. 名词解释:往复式真空泵。
45. 什么是真空泵的抽气速率?
46. 什么是真空泵的极限压力(极限真空)?
47. 解释 ZJ300 的含义。
48. 真空计是什么?
49. 什么是绝缘电阻?
50. 电机绕组绝缘检测的主要设备和仪器有哪些?
51. 用电桥测量电机或变压器绕组的电阻时应怎样操作?

52. 绝缘电阻测量的目的是什么?
53. 什么是绝缘吸收比?
54. 极化指数是什么?
55. 怎样判断兆欧表的状态是否正常?
56. 怎样判断绝缘手套状态是否良好?
57. 涂 4 黏度杯的检测时间和黏度有什么关系?
58. 凝胶时间低于指标值下限时,如何处理?
59. 如何测定局部放电起始电压和熄灭电压?
60. 常用的旋转烘焙烘箱旋转装置有哪几种?
61. 电机浸漆的干燥时间与什么有关? 如何制定烘焙时间?
62. 浸漆能够提高绝缘的耐热性和稳定性的原理是什么?
63. 无溶剂漆在烘焙时为什么可采用高温直接烘焙?
64. 黏度的定义是什么?
65. 使用万用表进行电压测量有哪些注意事项?
66. 如何减少绝缘漆的流失?
67. 覆盖漆的主要作用是什么?
68. 浸漆处理场地有哪些安全措施?
69. 浸漆处理中的劳保和环保包括哪些?
70. 哪些状态钢丝绳必须报废并停止使用?

六、综 合 题

1. 浸漆过程中,工件温度为什么不宜过低?
2. 绝缘漆黏度偏高会对电机造成什么影响?
3. 浸漆后改善电机绕组绝缘的导热性能的原理是什么?
4. 浸漆过程中进行电容检测的目的是什么?
5. 简述有溶剂漆的特点。
6. 浸渍漆的基本要求是什么?
7. 简述真空压力浸漆设备的浸漆罐、储漆罐的组成和作用。
8. VPI 设备的工作原理是什么?
9. 普通浸漆没有浸透的原因有哪些?
10. 牵引电机定子在浸漆处理过程中要首先进行预烘的目的是什么?
11. 浸漆设备中的冷凝器的作用是什么? 冷却剂是什么? 为什么要选择好的冷凝器?
12. 绝缘材料分为哪几大类?
13. 简述真空压力浸漆设备的基本组成。
14. 用于牵引电机的绝缘材料有哪些要求?
15. 测试绝缘漆和铜的反应有什么目的及意义?
16. 测试绝缘漆在密闭或敞口容器中的稳定性的意义是什么?
17. 简述绝缘漆酸值测试的目的及意义。
18. 抽真空、输漆和加压过程中设备发生故障应分别如何处理?

19. 对于绝缘漆厚层固化能力测试项目有哪些,其目的是什么?
20. 浸渍漆的黏度测试有什么意义?
21. 浸渍漆的凝胶时间测试有哪些意义?
22. 无溶剂浸渍漆采用真空压力浸漆的作用是什么?
23. 有溶剂浸渍漆的黏度大小与浸渍质量有什么关系?
24. 简述浸渍漆使用中的注意事项。
25. 如何用涂 4 黏度杯测量漆的黏度?
26. 电机在预烘过程中绝缘电阻是怎样变化的?
27. 如何用兆欧表测量绕组对地的绝缘电阻?
28. 什么是"班后六不走"?
29. 对起重工作有哪些安全要求?
30. 简述起重机司机操作中要做到"十不吊"的内容。
31. 在哪六种情况下,起重机司机应发出警告信号?
32. 论述起重机工作完毕后,司机应遵守的规则有哪些。
33. 说明喷涂表面漆后漆膜脱落的主要原因及解决办法。
34. 说明喷涂表面漆产生流挂的原因及预防措施。
35. 在车间里要杜绝燃烧和爆炸的可能性,哪些措施可以避免产生火花?

绝缘处理浸渍工(初级工)答案

一、填 空 题

1. 交流	2. 方向	3. 交流	4. 相
5. mA	6. 并	7. 机构	8. 比例
9. 损耗	10. 外特性	11. 无功	12. 感生
13. 90°	14. 电压表	15. 电流表	16. 节点
17. 元件	18. 参考方向	19. 基尔霍夫	20. 0
21. 阻止	22. 磁通量	23. 安培	24. 红
25. 短路	26. 不能	27. 高度	28. X 向旋转
29. 旋转视图	30. 断面	31. 大于	32. 相切
33. 剖视图	34. 粗	35. 机器	36. 未剖
37. 统一	38. 替换	39. 尺寸	40. 8
41. 过渡	42. 全剖	43. 起点	44. 简化
45. 两个	46. N	47. Pa	48. 高碳钢
49. 强度	50. 密度	51. 潮气	52. 绝缘结构
53. 接地	54. 不可逆的	55. 短路	56. 热老化
57. 绝缘	58. 电击穿	59. 10	60. 环氧树脂
61. 绝缘强度	62. 高	63. 不同	64. 绝缘
65. 下降	66. 矿物油	67. 可逆	68. 降低
69. 不同	70. 耐酸	71. 合成	72. 散热
73. 180 ℃	74. 表面	75. 绝缘漆	76. 辅助
77. 无溶剂漆	78. 易燃	79. 防火	80. 工艺文件
81. 防毒面具	82. 法则	83. 工艺守则	84. 知识
85. 构造	86. 黏度	87. 报警	88. 增长
89. 防火	90. 准确	91. 定期	92. 基本
93. 清洁	94. 自锁保护	95. 无溶剂	96. 沉浸
97. 漆膜	98. 差	99. 浸漆质量	100. 黏度
101. 间接	102. 水分	103. 全	104. 总
105. 泵	106. 液位计	107. 渗透能力	108. 干燥
109. 缩短	110. 质量	111. 卧	112. 前级泵
113. 压力式	114. 动盖式	115. 精	116. 球阀
117. 不可以	118. 乙二醇水溶液	119. 流失	120. 热风
121. 两	122. 百分含量	123. 高	124. 大

125. 废气　126. 秒或 s　127. 黏度　128. 时间
129. 模卡　130. 介质损耗角正切值　131. 120　132. 绝缘电阻
133. 百洁布　134. 引线头　135. 表面漆　136. 可燃物质
137. 闪点　138. 可燃液体　139. 燃点　140. 水
141. 差　142. 8 小时　143. 浓度　144. 呼吸道
145. 定子铜耗　146. 拱形　147. 无纬带绑扎　148. 成型绕组
149. 匝间短路　150. 星形连接　151. 三相　152. 复励
153. 铜　154. 温升　155. 换向器

二、单项选择题

1. B　2. B　3. B　4. B　5. C　6. B　7. C　8. A　9. A
10. B　11. A　12. B　13. B　14. D　15. D　16. D　17. B　18. B
19. A　20. A　21. B　22. C　23. B　24. A　25. C　26. D　27. B
28. C　29. A　30. C　31. C　32. D　33. B　34. A　35. A　36. A
37. A　38. D　39. B　40. B　41. D　42. C　43. D　44. B　45. A
46. C　47. D　48. C　49. A　50. A　51. A　52. B　53. D　54. C
55. B　56. D　57. D　58. D　59. D　60. B　61. A　62. C　63. C
64. B　65. A　66. C　67. B　68. D　69. A　70. A　71. D　72. C
73. C　74. B　75. A　76. A　77. C　78. B　79. A　80. D　81. A
82. A　83. A　84. A　85. A　86. B　87. C　88. B　89. D　90. D
91. D　92. A　93. C　94. D　95. C　96. D　97. C　98. A　99. A
100. A　101. A　102. B　103. C　104. C　105. B　106. C　107. B　108. A
109. D　110. C　111. A　112. D　113. A　114. C　115. A　116. C　117. A
118. A　119. B　120. C　121. A　122. B　123. D　124. A　125. C　126. C
127. D　128. D　129. B　130. D　131. A　132. D　133. B　134. C　135. A
136. C　137. B　138. D　139. A　140. B　141. B　142. D　143. C　144. C
145. D　146. A　147. C　148. A　149. C　150. B　151. C　152. D　153. B
154. B　155. C

三、多项选择题

1. ABC　2. AB　3. BC　4. ABCD　5. ABCD　6. ABD　7. BCD
8. ABD　9. ABCD　10. ABCD　11. ABC　12. ABCD　13. ABD　14. ABCD
15. AC　16. ABCD　17. ACD　18. ABCD　19. ABCD　20. ABCD　21. ABC
22. ABD　23. ABCD　24. ABCD　25. ABCD　26. ABCD　27. ABCD　28. ABCD
29. ABCD　30. ABCD　31. ABCD　32. ACD　33. AB　34. ABCD　35. ABC
36. ABC　37. ABCD　38. ABCD　39. ABCD　40. ABC　41. ABC　42. BD
43. ACD　44. ABC　45. ABCD　46. ABC　47. ABC　48. ABC　49. ABCD
50. ABCD　51. BC　52. AB　53. ABCD　54. ABCD　55. AB　56. ABC
57. ABCD　58. ABCD　59. ABC　60. ABC　61. AB　62. AB　63. AB

64. AC 65. ABCD 66. ABCD 67. ABCD 68. ABCD 69. ABCD 70. ABCD
71. ABC 72. ABCD 73. ABCD 74. ABCD 75. ABC 76. ABC 77. AB
78. ABCD 79. AB 80. ABC 81. ABCD 82. ABCD 83. ABCD 84. ABCD
85. ABCD 86. ABCD 87. ABC 88. AB 89. ABC 90. BC 91. BCD
92. ABC 93. ABCD 94. ABC 95. AB

四、判 断 题

1. × 2. × 3. × 4. × 5. √ 6. × 7. × 8. × 9. √
10. × 11. √ 12. × 13. × 14. × 15. × 16. × 17. √ 18. √
19. √ 20. √ 21. √ 22. × 23. √ 24. √ 25. √ 26. √ 27. √
28. √ 29. √ 30. √ 31. × 32. √ 33. √ 34. √ 35. √ 36. √
37. √ 38. √ 39. × 40. × 41. × 42. × 43. √ 44. √ 45. √
46. √ 47. √ 48. √ 49. √ 50. √ 51. √ 52. × 53. × 54. √
55. √ 56. √ 57. √ 58. √ 59. √ 60. √ 61. √ 62. √ 63. √
64. √ 65. √ 66. √ 67. √ 68. × 69. √ 70. √ 71. √ 72. √
73. √ 74. √ 75. × 76. √ 77. × 78. × 79. √ 80. × 81. ×
82. × 83. √ 84. √ 85. √ 86. × 87. √ 88. √ 89. √ 90. √
91. √ 92. √ 93. √ 94. √ 95. × 96. × 97. × 98. √ 99. √
100. √ 101. × 102. × 103. √ 104. × 105. √ 106. √ 107. × 108. √
109. √ 110. √ 111. √ 112. √ 113. × 114. √ 115. × 116. × 117. √
118. √ 119. √ 120. × 121. √ 122. × 123. √ 124. √ 125. × 126. ×
127. √ 128. √ 129. × 130. × 131. √ 132. √ 133. √ 134. × 135. √
136. √ 137. √ 138. √ 139. √ 140. √ 141. √ 142. × 143. √ 144. √
145. × 146. √ 147. √ 148. √ 149. √ 150. √ 151. √ 152. √ 153. √
154. √ 155. √

五、简 答 题

1. 答:除去的是绝缘中的水分、空气、溶剂等(5 分)。

2. 答:提高了绝缘的耐热性和化学稳定性,降低了老化速度,延长了电机绝缘的使用寿命(5 分)。

3. 答:提高绕组的耐潮性(1 分);提高绕组的电气强度(1 分);提高绕组的耐热性和导热性(1 分);提高绕组的机械强度(1 分);提高绕组的化学稳定性(1 分)。

4. 答:浸漆处理的电机绕组绝缘粘接成整体,避免了绝缘松动使牵引电机在机车运行振动、电磁力等的作用下绝缘松动或移动,从而避免了电机绕组绝缘的磨损,大大加强了电机绕组绝缘的机械强度(5 分)。

5. 答:在电机的使用过程中,由于各种因素的作用,使绝缘材料发生较缓慢的,而且是不可逆的变化,使材料的性能逐渐恶化(5 分)。

6. 答:就是把不同电位的各个带电部件间以及同机壳、铁芯等不带电的部件隔开,以确保电流能按规定的路径流通(5 分)。

7. 答:绝缘材料耐热性可分为10级,分别为70、90、105、120、130、155、180、200、220、250(5分)。

8. 答:短路是指电气线路中相线与相线,相线与零线或大地,在未通过负载或电阻很小的情况下相碰,造成电气回路中电流大量增加的现象(5分)。

9. 答:脱模剂是为防止成型的复合材料制品在模具上黏着,而在制品与模具之间施加一类隔离膜,以便制品很容易从模具中脱出,同时保证制品表面质量和模具完好无损(5分)。

10. 答:电压的高低,电压越高越容易击穿(1分);电压作用时间的长短,时间越长越容易击穿(1分);电压作用的次数,次数越多电击穿越容易发生(1分);绝缘体存在内部缺陷,绝缘体强度降低(1分);与绝缘的温度有关(1分)。

11. 答:又称为电容率,是描述电介质极化的宏观参数(5分)。

12. 答:一是受压容器及管道由于安装不妥,安全装置失灵等原因引起爆炸(2.5分);另一种是易燃和可燃性液体的蒸汽达到一定浓度,并且有空气和氧气以及激发能源的存在而引起爆炸(2.5分)。

13. 答:选择无毒或低毒溶剂或稀释剂(2分);加强排风通气(2分);加强个人防护和卫生保健工作(1分)。

14. 答:降低树脂黏度使树脂具有流动性,改善树脂对增强材料、填料等的浸润性(5分)。

15. 答:将绕组加热并旋转,绝缘漆滴在绕组端部,漆在重力、毛细管和离心力作用下,均匀渗入绕组内部及槽中,这种浸渍方式叫滴浸(5分)。

16. 答:输漆时对浸渍漆进行加热是因为漆的黏度在初始阶段是随着温度的升高而降低,加热可以使漆黏度降低有利于漆渗透进需浸漆的工件绝缘内部,提高浸透率(5分)。

17. 答:沉浸是将工件沉入漆液内,利用漆液压力和绕组毛细管作用,在很好的预烘及保证足够的浸渍时间的情况下,使绝缘漆充分渗透和填充到绕组内部(5分)。

18. 答:真空的作用是排除绝缘层中的水分、空气及小分子物质,以利于漆的渗透和填充(5分)。

19. 答:压力的作用是提高漆的漆透能力,缩短浸渍时间(5分)。

20. 答:是将抽往真空泵的气体中的溶剂冷凝(5分)。

21. 答:作用是为绝缘漆加热,这主要是为了在一定范围内降低绝缘漆的黏度(5分)。

22. 答:因为高压风中含水蒸气,如果直接加入浸漆罐会影响绝缘漆性能,所以必须先通过干燥器将高压空气干燥后使用(5分)。

23. 答:回漆时对漆进行冷却是为了绝缘漆回储罐后是处于储存状态,低温有利于浸渍漆的储存(5分)。

24. 答:浸渍次数决定于电机的使用环境及性能要求(2分)、电机的绕组绝缘结构(1分)、绝缘漆的种类(1分)和浸渍方法(1分)等。

25. 答:一般由浸漆罐(0.5分)、储漆罐(0.5分)、热交换器(0.5分)、制冷机组(0.5分)、加热机组(0.5分)、抽真空系统(0.5分)、加压系统(0.5分)、排风系统(0.5分)、液压系统(0.5分)、控制检测系统(0.5分)等组成。

26. 答:普通浸渍的工艺过程为:预烘(0.5分);冷却(0.5分);进罐(0.5分);抽真空(0.5分);输漆(0.5分);浸泡(0.5分);回漆(0.5分);排风(0.5分);滴漆(0.5分);出罐(0.5分)。

27. 答:真空压力浸漆的工艺过程为:预烘,冷却(0.5分);入罐(0.5分);抽真空(0.5分);

真空干燥(0.5 分);输漆(0.5 分);加压(0.5 分);压力浸漆(0.5 分);泄压(0.5 分);回输(0.5 分);滴漆,出罐(0.5 分)。

28. 答:是为了与工件、浸漆介质的温度接近,以便于绝缘漆的渗透(5 分)。

29. 答:英文缩写为 VPI(2 分),全拼为 Vacuum(1 分) Pressure(1 分) Impregnation(1 分)。

30. 答:压力高意味着真空度低(2.5 分);反之,压力低与真空度高相对应(2.5 分)。

31. 答:直接测量真空计(2.5 分)和间接测量真空计(2.5 分)两种。

32. 答:压缩式真空计(1 分)、热传导真空计(1 分)、热辐射真空计(1 分)、电离真空计(1 分)、放电管指示器(1 分)等。

33. 答:测量原理是间接测量真空计(5 分)。

34. 答:测量原理是间接测量真空计(5 分)。

35. 答:德国普旭真空罗茨泵(VE101)(2.5 分)、国产罗茨泵(KK-1)(2.5 分)。

36. 答:真空是指在给定空间内的气体压力小于该地区一个标准大气压的气体状态(5 分)。

37. 答:是用以产生、改善、维持真空的装置(5 分)。

38. 答:为防止停泵时由于受大气压的作用而向真空管路反向进油(5 分)。

39. 答:利用机械、物理、化学或物理化学的方法对被抽容器进行抽气而获得真空的器件或设备(5 分)。

40. 答:凡是利用机械运动转动或滑动以获得真空的泵,称为机械式真空泵(5 分)。

41. 答:是一种旋转式容积真空泵(5 分)。

42. 答:取决于泵本身结构和制造精度外(2.5 分),还取决于前级泵的极限真空度(2.5 分)。

43. 答:利用泵腔内转子部件的旋转运动将气体吸入、压缩并排出(5 分)。

44. 答:利用泵腔内活塞往复运动,将气体吸入、压缩并排出,又称为活塞式真空泵(5 分)。

45. 答:即在一定的压力、温度下,真空泵在单位时间内从被抽容器中抽走的气体体积(5 分)。

46. 答:真空泵的入口端经过充分抽气后所能达到的最低的稳定的压力(5 分)。

47. 答:ZJ 表示罗茨真空泵(2.5 分),300 表示泵的抽速为 300 L/s(2.5 分)。

48. 答:用以探测低压空间稀薄气体压力所用的仪器称为真空计(5 分)。

49. 答:用绝缘材料隔开的两个导体之间,在规定条件下的电阻。测量绝缘材料的体积电阻率时,对于体积电阻率小于 $10^{10}\ \Omega\cdot m$ 的材料,通常采用 1 min 的电化时间,其测量值才趋于稳定(5 分)。

50. 答:电机绕组绝缘检测的主要设备和仪器有耐压机(1 分)、匝间脉冲仪(1 分)、阻抗检测仪(1 分)、数字兆欧表(1 分)、摇表(1 分)等。

51. 答:用电桥测量电机或变压器绕组的电阻时应先按下电源开关按钮(2 分),再按下检流计的按钮(1 分);测量完毕后先断开检流计的按钮(1 分),再断开电源按钮(1 分)。

52. 答:验证生产的电气设备的质量和性能(2 分);确保电气设备满足技术规范,符合安全性要求(1 分);确定电气设备性能随时间的变化(1 分);确定电气设备出现故障原因(1 分)。

53. 答:绕组绝缘施加电压 60 s 时的绝缘电阻值 R_{60} 与 15 s 时绝缘电阻 R_{15} 之比称为绝缘

吸收比(5 分)。

54. 答:对绕组施加电压测量绝缘电阻,加压 10 min 时的绝缘电阻值 $R_{10\ min}$与加压 1 min 时的绝缘电阻值 $R_{1\ min}$之比(5 分)。

55. 答:使兆殴表输出端短路,摇至额定转速,表针应指向零(2.5 分);使兆殴表输出端开路,摇至额定转速,表针应指向无穷大(2.5 分)。

56. 答:将手套朝手指方向卷曲,当卷到一定程度时内部空气因体积减小、压力增大,手指鼓起而不漏气,即为良好(5 分)。

57. 答:用涂 4 黏度杯测黏度时,所测得的时间愈长,黏度愈大(2.5 分);时间愈短,黏度愈小(2.5 分)。

58. 答:要及时按一定量加新漆或稳定剂(5 分)。

59. 答:电压从远低于预期的局部放电起始电压加起,按规定速度升压至放电量达到某一规定值时,此时的电压即为局部放电起始电压(2.5 分)。其后电压再增加 10%,然后降压直到放电量等于上述规定值,其对应的电压即为局部放电熄灭电压(2.5 分)。

60. 答:常用的旋转烘焙烘箱旋转装置有支撑式(2.5 分)和辊杠式(2.5 分)两种。

61. 答:干燥时间与浸渍工件的结构尺寸、绝缘漆的固化要求及加热方式有关(2 分)。干燥时间一般是通过测量工件的绝缘电阻来确定的,主要以绝缘电阻达到连续三点稳定的时间为基准,适当增加一定比例的时间为烘焙时间(3 分)。

62. 答:由于绕组绝缘表面形成了结构致密的漆膜,使空气中氧和其他有害化学介质不易侵入绝缘内部(2 分)。延缓了绝缘材料的氧化作用和其他化学反应,从而提高了绝缘的耐热性和稳定性,降低了老化速度,延长了电机绝缘的使用寿命(3 分)。

63. 答:因无溶剂漆烘焙时只有少量的挥发物释出(1 分),加快升温速度不会影响漆膜的质量(1 分),甚至可以将烘箱预先升到高温后再把工件放入烘箱,使表面的漆先凝胶形成包封的漆膜,达到减少流失的目的(3 分)。

64. 答:黏度是液体分子间相互作用而产生阻碍其分子间相对运动能力的度量(5 分)。

65. 答:选好档位(包括电压种类及量限)(1.5 分);进行调零(1.5 分);接线柱应接触牢固,以防测量时线头接触不良(2 分)。

66. 答:从绝缘漆配方上做到凝胶温度低、凝胶速度快(1.5 分);缩小绝缘层内部空隙的毛细管直径,利用毛细管吸附效应避免流失(1.5 分);用旋转烘焙的工艺措施减少流失(2 分)。

67. 答:覆盖漆用于涂覆经浸渍处理过的绕组端部和绝缘零部件,在其表面形成连续而均匀的漆膜,作为绝缘保护层,以防止机械损伤和受大气、润滑油、化学药品等的侵蚀,提高表面放电电压(5 分)。

68. 答:房屋建筑应符合防火要求(1 分);所有电气设备应选用防爆型(1 分);室内应有专门的消防灭火器材(1 分);烘箱等医保设备应有防爆装置(1 分);油漆、溶剂等的储藏室应按易爆品库设计(1 分)。

69. 答:室内应有换新鲜空气装置(1 分);定期检测室内有害气体浓度(1 分);所有绝缘漆的容器应加盖(1 分);排放到空气的有害气体应符合环保标准(1 分);操作工人应定期检查身体健康状况(1 分)。

70. 答:钢丝绳外表面磨损到直径的 40%(1 分);断股(1 分);死角拧扭、部分受压变形(2 分);在一个扭距内断丝数为 12 根(1 分)。

六、综 合 题

1. 答:如果在浸渍时工件温度太低,则将使漆温较低,漆的黏度较大,其流动性和渗透性都较差,也使浸漆效果不好(10 分)。

2. 答:如果使用高黏度绝缘漆,则绝缘漆难以渗入到绕组绝缘内部,即发生浸不透的现象,同样会降低绝缘的防潮能力、导热性能和电气、机械强度(10 分)。

3. 答:在未浸渍处理前,电机绕组绝缘中存在着大量的空隙,充满着空气。由于空气的导热系数只有 0.025 W/(m·℃),因此导热性能很差,影响电机绕组热量的散出,电机绕组温升将很高(5 分)。用绝缘漆浸渍处理以后绝缘漆挤跑了空气,填充了绕组的空隙。而绝缘漆的导热系数一般均在 0.2 W/(m·℃)左右,这就明显改善了电机绕组绝缘的导热性能(5 分)。

4. 答:电机浸渍绝缘漆的过程是让绝缘漆充满电机的所有微小空隙的过程,浸漆过程中电机电容值的监测正是反映绝缘漆的浸渍程度。在电机的浸渍过程中,电容值是不断上升的,当电容值上升到一定程度也就是浸渍漆在电机的绝缘结构中达到饱和状态时,电容值停止上升,说明电机浸渍状态达到顶峰(10 分)。

5. 答:有溶剂漆一般由合成树脂或天然树脂与溶剂所组成(3 分)。有溶剂漆具有渗透性好,储存期长,使用方便等特点(3 分)。但浸渍和烘焙时间长,固化慢,溶剂的挥发还造成浪费和污染(4 分)。

6. 答:黏度低,固体含量高,便于漆浸入和填充绝缘内部空隙(2 分);厚层固化快,干燥性好,黏结力强,有热弹性,固化后能经受电机的离心力(2 分);具有高的电气性、耐潮性、耐热性、耐油性和化学稳定性(3 分);对导体和其他材料的相容性好(3 分)。

7. 答:浸漆罐,有罐体、罐盖、止口配合、密封圈,是工件浸渍的地方(5 分);储漆罐,罐顶装有搅拌器,罐壁装有加热、制冷系统,是绝缘漆长期存储的地方(5 分)。

8. 答:通过真空泵将浸漆罐抽真空至工艺要求并保持一定时间(2 分),利用压差法或输漆泵将储漆罐内的绝缘漆输入浸漆罐(2 分),当液位达到工艺要求后,保持真空浸漆一定时间(2 分),通过加压系统对浸漆罐内进行加压并保持一定时间(2 分),利用压差法或输漆泵将绝缘漆回到储漆罐(2 分)。

9. 答:绝缘漆的黏度太大,难以渗透到绕组内部(2 分);浸漆时工件的温度太高或太低(2 分);浸漆时漆的温度太低(2 分);浸漆时间短(2 分);浸漆时漆面高度不够,上层工件没有浸透(2 分)。

10. 答:将绕组绝缘中的水分和低分子挥发物预先除去(3 分);由于绝缘漆的黏度随温度的提高而降低,为了加快绝缘漆的渗透,工件具有一定的温度可缩短浸透时间(3 分);缩短工艺时间,部分电机常将包扎绝缘层间黏合剂的固化、无纬绑扎带及填充泥的固化放在预烘中进行(4 分)。

11. 答:冷凝器的作用是将抽往真空泵的气体中的溶剂冷凝(3 分),一般是以乙二醇水溶液作冷却剂(3 分)。有一些冷凝器只适用于低速运动的气体,以致用强大真空泵时,由于空气排出非常迅速,往往会使露状的冷凝物一起抽入真空泵,会使泵的寿命缩短(4 分)。

12. 答:绝缘材料分类:漆、可聚合树脂和胶类(2 分);树脂浸渍纤维制品类(2 分);层压制品、卷绕制品、真空压力浸胶制品和引拔制品类(1 分);模塑料类(1 分);云母制品类(1 分);薄膜、粘带和柔软复合材料类(1 分);纤维制品类(1 分);绝缘液体类(1 分)。

13. 答:基本组成:浸漆罐(1分);储漆罐(1分);真空机组(2分);加压系统(1分);浸漆罐壁加热系统(1分);储漆罐加热制冷系统(1分);输回漆系统(1分);热交换器加热制冷系统(1分);控制柜(1分)。

14. 答:良好的耐热性(1.5分);高的机械强度(1.5分);良好的介电性(1.5分);良好的耐潮性(1.5分);良好的工艺性(1.5分);货源充足、价格合理、质量好,且绝缘的物理、化学、机械、介电性能稳定可靠(2.5分)。

15. 答:由于绝缘漆由多种植物油,天然或合成树脂、溶剂及稀释剂,以及其他助剂等组成,这些原材料本身以及在制造过程中,难免产生或混入一些具有腐蚀性的杂质(5分);另外,在漆的干燥、固化中也许产生某些分解物,而这些杂质或高温分解物将和铜起化学反应而对铜产生腐蚀,使铜表面变色,甚至产生铜绿(5分)。

16. 答:绝缘漆存在一个储存期(1分)。由于漆中组成成分的本身结构及添加其他助剂,在储存中会发生一系列的化学变化(2分)。如不饱和聚酯无溶剂漆,含有不饱和聚酯树脂、活性稀释剂,另外还有固化引发剂,由于分子存在不饱和结构及其他活性基团以及促进反应进行的助剂,在常温下也会发生一系列的交联聚合反应(3分)。最终结果,轻者使漆黏度变大、表面产生结皮,有沉淀物,重者产生胶化,影响产品的正常使用(4分)。

17. 答:可以确定原材料的质量是否合格(3分);可以判断某些树脂合成反应的终点(3分);覆盖漆中,漆料中含有少量的游离能增加对颜料的湿润性,提高分散效果,并且与碱性颜料起轻微皂化反应而提高漆膜性能(4分)。

18. 答:抽真空过程中,发现问题应立即停止作业,将工件吊出浸漆罐,待设备故障排除后,重新对工件进行预烘、浸漆(3分);在输漆过程中设备故障无法输漆,立即停止作业,将工件吊出浸漆罐,待设备故障排除后,重新对工件进行预烘、浸漆(3分);在加压阶段设备故障,不能加压或压力不够,延长浸漆时间,观察电容值的变化,待电容值达到正常水平后结束浸漆,转烘焙工序(4分)。

19. 答:所需要的时间(1分),固化后的情况(1分),可以比较不同绝缘漆经干燥固化后漆膜的光滑程度与饱满状况(2分),内部固化是否均匀有无气泡产生(1分),是否固化完全彻底(1分)等。厚层固化能力还可了解固化后的机械性能(2分),如漆膜的硬或软、脆或富有韧性(2分)。

20. 答:黏度是生产控制的重要指标,也是产品的重要指标之一(2分)。在制漆过程中,黏度必须严格控制,如有些漆料稍一疏忽就会使黏度变大,甚至胶化,造成损失。黏度过低则造成使应加溶剂加不进去,成本上升,且带来很多质量问题,如漆膜粘接力差,光泽下降,耐候性也下降,对化学介质稳定性不好。所以黏度测定对于生产过程中的控制,保证最终产品质量起很重要的作用(4分)。黏度对应用的影响,黏度大小可以说明漆的渗透性和流动特性的好坏。黏度过高,渗透性和流挂性变差,漆较难浸透整个需要浸渍绝缘的零部件。黏度过低,则浸渍后通过多次反复浸渍达到目的,费时耗能(4分)。

21. 答:凝胶时间是无溶剂漆的一个重要工艺参数(2分)。它表明树脂体系的反应活性,在很大程度上依赖于温度(2分)。从缩短工艺时间来说,胶化速度以尽可能快一些好,这样可以减少浸渍漆已填充入线圈内层漆液的损失,提高挂漆量(2分)。但有时伴随着凝胶过程有放热现象,并由于放热引起固化物起泡、开裂等问题(2分),故在选择胶化温度确定胶化时间时,必须兼顾其他性能(2分)。

22. 答:采用真空压力浸渍的无溶剂浸渍漆能大大提高电机的防潮、导热、耐热能力以及增强电气和机械强度(2分)。这是因为真空压力浸渍能使绕组绝缘内部的空隙完全用无溶剂浸渍漆填满,绕组绝缘的整体性好,这就大大提高了绝缘的导热能力,从而降低了温升,延长了使用寿命(4分)。同时由于绕组整体性好,也大大增强了抗振能力,机械强度显著提高。而良好的无气隙绝缘以及密封性,又大大提高了绝缘的防潮、防污染能力(4分)。

23. 答:在一定的温度下,黏度和它的溶剂(或稀释剂)的含量有关,溶剂越多,固体含量越少,漆的黏度就越低(4分)。黏度越低,虽然渗透能力强,能很好地渗到绕组绝缘的空隙中去,但因为漆基含量少,当溶剂挥发后,留下的空隙较多,使绝缘的防潮能力、导热性能、电气和机械强度都受到影响(3分)。如果漆黏度过高,则漆难以渗入到绕组绝缘内部,即发生浸不透的现象,同样会降低绝缘的防潮能力、导热性能及电气、机械强度(3分)。

24. 答:避免任何有机溶剂和其他绝缘漆的污染。少量的有机溶剂和其他绝缘漆混入该漆,都会造成漆变质,表现为凝胶、沉淀、板结(4分);避免粉尘等机械杂质混入,影响漆膜外观和绝缘性能(3分);低温储存,防止漆的黏度增长过快和凝胶时间缩短(3分)。

25. 答:将清洗干净的涂4黏度杯放在黏度杯架上(1分),调整杯架的底脚至黏度杯处于水平位置(1分),将涂4黏度杯下的漏嘴堵好(1分),将被测液体顺着倒流棒倒至涂4黏度杯中(1分),使液体稍微高出杯子的上平面后停止倒液体(1分),用导流棒将多余被测液体刮至溢液槽(1分),打开杯底的漏嘴使被测液体从漏嘴中顺利流出(1分),同时按下秒表(1分),观察液体流出的状态从流线型变成断线的一刹那再次按下秒表(1分),这时秒表记录的时间就是被测液体在当时温度下的黏度(1分)。

26. 答:电机在烘焙过程中,随着温度的逐渐升高,绕组绝缘内部的水分趋向表面,绝缘电阻逐渐下降,直至最低点(3分);随着温度升高,水分逐渐挥发,绝缘电阻从最低点开始回升(3分);最后随着时间的增加绝缘电阻达到稳定,说明绕组绝缘内部已经干燥(4分)。

27. 答:首先选择合适的电压等级的兆欧表(3分),然后将兆欧表的"L"端连接在电动机绕组的一相引线端上(2分),"E"端接在电机的机壳上(2分),以每分钟120转的速度摇动兆欧表的手柄(3分)。

28. 答:不切断电源和应灭火种不走(2.5分);环境不清扫整洁不走(1.5分);设备不擦干净不走(1.5分);工件不码放整齐不走(1.5分);交接班和原始记录不填写好不走(1.5分);工具不清点好不走(1.5分)。

29. 答:指挥信号应明确,并符合规定(1.5分);吊挂时,吊挂绳之间夹角应小于120℃,以免吊挂受力过大(1.5分);绳、链所经过棱角处应加垫(1.5分);指挥物体翻转时,应使其重心平衡变化,不应产生指挥意图之外的动作(2.5分);进入悬挂(吊)重物下方时,应先与司机联系并设置支承装置(1.5分);多人绑挂时,应由一人指挥(1.5分)。

30. 答:指挥信号不明确和违章指挥不起吊(1分);超载不起吊(1分);工件或吊物捆绑不牢不起吊(1分);吊物上面有人不起吊(1分);安全装置不齐全、不完好、动作不灵敏或有失效者不起吊(1分);工件埋在地下或与地面建筑物、设备有钩挂时不起吊(1分);光线隐暗视线不清不起吊(1分);有棱角吊物无防护切割隔离保护措施不起吊(1分);斜拉歪拽工件不起吊(1分);浸出的工件上无接漆盘不起吊(1分)。

31. 答:起重机在起动后即将开动前(1.5分);靠近同跨其他起重机时(1.5分);在起吊和下降吊钩时(1.5分);吊物在运移过程中,接近地面工作人员时(1.5分);起重机在吊运通道上方吊物运行时(2分);起重机在吊运过程中设备发生故障时(2分)。

32. 答:应将吊钩提升到较高位置,不准在下面悬吊而妨碍地面人员行动;吊钩上不准悬吊挂具或吊物等(2分)。将小车停在远离起重机滑触线的一端,不准停于跨中部位;大车应开到固定停靠位置(2分)。电磁吸盘或抓斗、料箱等取物位置,应降落至地面或停放平台上,不允许长期悬吊(1.5分)。将各机构控制器手柄扳回零位,扳开紧急断路开关,拉下保护柜主刀开关手柄,将起重运转中情况和检查时发现的情况记录于交接班日记中,关好司机室门下车(1.5分)。室外工作的起重机工作完毕后,应将大车上好夹轨钳并锚固牢靠(1.5分)。与下一班司机做好交接工作(1.5分)。

33. 答:主要原因:表面处理不干净(2分);工件或底层特别光滑(2分)。解决办法:认真作好表面处理,如除油、除锈(2分);适当粗化被涂表面(2分);严格按操作规程施工(2分)。

34. 答:产生原因:油漆的黏度太低(1.5分);喷漆枪的出漆嘴口径偏大,气压过大(1.5分);距离物面太近(1.5分);运枪速度过慢(1.5分);施工环境温度低,湿度大,涂料干燥太慢(1分)。预防措施:油漆黏度要适中(1.5分);注意运枪速度(1.5分)。

35. 答:设备所装电动机、厂房照明、电气开关和电气设备都采用防爆型的(2分);严格规定禁火区,并应有严禁烟火等警告牌(2分);不得在禁火区内动火,如烧焊等(2分);防止工件摩擦与撞击(2分);避雷及防止一切外来火花(2分)。

绝缘处理浸渍工(中级工)习题

一、填 空 题

1. 日常生活中我们所能接触到的电可分为(　　)和交流电。

2. 交流电是电流的方向和大小随(　　)的变化而变化。

3. 我们常用的交流电有生活用的 220 V 电源,生产用的(　　)电源。

4. 220 V 是指相电压,即相与(　　)之间的电压,如 A 相对地电压为 220 V。

5. 通过人身的安全交流电流规定在(　　)以下。

6. 电路的结构有(　　)和并联之分,各有各的特点。

7. 电工仪表主要由测量机构和(　　)两部分组成。

8. 测量线路能把被测量转换为过渡量,并保持一定的比例关系及(　　)。

9. 变压器在运行中,绕组中电流的(　　)所引起的损耗通常称为铜耗。

10. 所谓电源的外特性是指电源的(　　)随负载电流的变化关系。

11. 有功功率的单位是(　　)。

12. 直导线在磁场中作切割磁力线运动所产生的感生(　　)的方向用右手定则来判定。

13. 通电导体在磁场中受力最大时,载流导线上的(　　)方向与磁感应强度的方向夹角为 90°。

14. 测量电压所用电压表的(　　)要求尽量大。

15. 测量电流所用电流表的(　　)要求尽量小。

16. 基尔霍夫第(　　)定律,反映了电路中各节点电流之间的关系。

17. 基尔霍夫第(　　)定律,反映了回路中各元件电压之间的关系。

18. 依据支路电流法解得的电流为(　　)时,说明电流参考方向与真实方向相反。

19. 所谓支路电流法就是以支路(　　)为未知量,依据基尔霍夫定律列方程求解的方法。

20. 纯电感正弦交流电路中,(　　)功率为零。

21. 楞次定律的主要内容是感应电动势总是企图产生感应(　　)阻止回路中磁通的变化。

22. 法拉第电磁感应定律为同一线圈中感生(　　)的大小与磁通量的变化率成正比。

23. 电流周围的(　　)用安培定则来判定。

24. 电器上涂成(　　)的电器外壳是表示工作中其外壳有电。

25. 在电路中负载因故障被短接或电源两端不经负载被(　　),指使电路中电流剧增的现象叫短路。

26. 在电路中发生断线,使(　　)不能流通的现象称为断路。

27. 主视图和左视图在高度方向应(　　)。

28. 在不引起误解时,允许将斜视图图形(　　),标注形式为 X 向旋转。

29. 假想将机件的倾斜部分旋转到与某一选定的基本投影面(　　)后再向该投影面投影所得的视图称为旋转视图。

30. 用假想的剖切面将零件的某处切断,仅画出断面的图形称为(　　)。

31. 将机件的部分结构用大于原图形所采用的(　　)画出的图形,称为局部放大图。

32. 当两形体的表面(　　)时,在相切处不应该画直线。

33. 用(　　)局部地剖开零件所得的剖视图称为局部剖视图。

34. 移出剖面图的(　　)用粗实线绘制。

35. 装配图是表达机器或(　　)的图样。

36. 装配图中,对于螺栓等紧固件,以及实心件,若按纵向剖切,且剖切平面(　　)其对称平面或轴线时,则这些零件均按未剖绘制。

37. 实现互换性的基本条件是对同一规格的零件按统一的(　　)制造。

38. 同样规格的零件或部件可以相互替换的性质,称为零件或部件的(　　)。

39. 公差带由(　　)和标准公差组成。

40. ϕ30H8 中的 30 是指(　　)代号。

41. $\phi 50^{+0.030}_{0}$的孔与$\phi 50^{-0.02}_{-0.05}$轴配合属(　　)配合。

42. 用剖切面完全地剖开零件所得的(　　)称为全剖视图。

43. 表面粗糙度是指加工平面上具有的较小间距和(　　)所形成的表面微观几何形状特征。

44. 评定表面粗糙度的基本参数是与(　　)特性有关的参数。

45. 由(　　)或两个以上的基本几何体构成的物体称为组合体。

46. 电磁力在(　　)单位制中的单位是 N。

47. 真空是用极限(　　)来表示的,单位是 Pa。

48. T8 钢按(　　)不同分类,属于高碳钢。

49. 金属材料在外力作用下抵抗塑性变形或(　　)的能力称为强度。

50. 用排水法测量绝缘材料的密度时,运用的是(　　)原理。

51. 大多数绝缘材料在(　　)空气中都将不同程度的吸收潮气,引起绝缘性能降低。

52. 由同一种或几种绝缘材料通过一定的工艺而组合在一起所形成的(　　)称为绝缘结构。

53. 电机中带电部件与机组、铁芯等不带电部件之间的绝缘发生(　　),叫做电机接地。

54. 绝缘材料的分子,在长期高温的作用下发生不可逆的(　　)变化。

55. 电机中电位不同的带电部件之间的(　　)发生破坏,就叫作短路。

56. 绝缘材料在高温情况下(　　)会逐渐劣化,也叫热老化。

57. 电工材料可分为(　　)材料、磁性材料和绝缘材料。

58. 绝缘强度是反映绝缘材料被击穿时的(　　),若高于这个电压或场强可能会使材料发生电击穿现象。

59. 介质损耗因数和(　　　　　　　　)是电介质与绝缘体的两个主要特性。

60. JF9960 绝缘漆主要成分是环氧树脂、(　　)、亚胺树脂等,其具有优异的耐热性能和介电性能。

61. 绝缘材料在外施电压的作用下被(　　)时的电场强度称为绝缘强度。

62. 一般来说绝缘材料的耐热等级越高价格(　　)。

63. 对同一介质外施不同电压,所得电流(　　),则绝缘电阻不同。

64. 匝间绝缘是指同一(　　)各个线匝之间的绝缘。

65. 绕组绝缘中的微孔和薄层间隙容易(　　),使绝缘电阻下降。

66. 乙烯基甲苯又称为(　　)。

67. (　　)树脂固化是不可逆的变化过程。

68. 稀释剂是一类使液体树脂(　　)降低的液体物质。

69. (　　)树脂所用的稀释剂也大多不同。

70. 固化后的环氧树脂体系具有优良的(　　)、耐酸及耐溶剂等性能。

71. 橡胶分为(　　)橡胶和合成橡胶。

72. 电动机绕组上积有灰尘会降低(　　)性能和影响散热。

73. 环氧树脂常用固化剂有酸酐类和(　　)类。

74. (　　)级的绝缘漆允许最高工作温度为 180 ℃。

75. 绝缘经浸渍,干燥固化后,就能将其细孔填满,并在表面形成光滑致密的(　　),可防止潮气侵入。

76. 由于绕组绝缘表面形成了结构致密的(　　),使空气中氧和其他有害化学介质不易侵入绝缘内部。

77. 电机绕组浸漆处理是指用(　　)填充绕组内层和覆盖表面。

78. 浸渍是指绝缘漆浸渍电机(　　)或其他部件。

79. 绝缘漆主要是由合成树脂或(　　)等漆基与某些辅助材料组成。

80. 现有绝缘漆一般分为(　　)和无溶剂漆两大类。

81. 浸渍漆中含有的有机溶剂及(　　),大多数有易燃、易爆、有毒的特点。

82. 所有漆类都需要(　　)储藏,使用过程中应注意防火、防静电。

83. 生产前需熟悉(　　)和工艺文件,了解设备操作规程,准备好工具、工装和材料。

84. 上岗工作前需穿戴好工作服、工作裤、劳保鞋,打磨和喷漆时必须戴好防毒面具,吊运转序时必须佩戴好(　　)。

85. 图纸和(　　)是电机制造过程中必须遵守的法则。

86. 工艺规程包括(　　)、工艺守则和检验规程等。

87. 浸漆工应了解常用绝缘漆的相关知识,常用稀释剂的相关(　　),以及防护方法。

88. 设备操作者应了解烘箱、浸漆设备的构造,熟练掌握设备(　　)方法。

89. 喷涂操作者应熟练掌握(　　)黏度杯测量表面漆黏度的方法。

90. 设备操作者应识别设备报警信息的(　　),排除故障。

91. 绝缘漆低温储存的目的是防止漆的黏度增长过快和(　　)缩短。

92. 绝缘漆使用时应避免粉尘等机械杂质混入,否则将影响漆膜外观和(　　)。

93. 绝缘漆属于易燃物,应注意(　　)、防静电。

94. 压力表必须定期检定,以保证仪表灵敏、准确、(　　)。

95. 仪表要定期(　　)和校验其灵敏度,检查仪表的运行情况。

96. 仪表误差分为基本误差和(　　)两大类。

97. 工件在浸渍前必须保证表面(　　)。

98. 常用翻身机的驱动方式为(　　)驱动。

99. 翻身机具有安全(　　)和记忆功能。当作业时发生断电、液压缸停止工作等电气、机械故障时,能够进行自锁保护,故障排除后可继续完成作业。

100. 对机车电机浸渍的绝缘漆一般采用(　　)。

101. 一般情况下,电机浸渍的方法有滴浸、(　　)和沉浸。

102. 第一次浸渍主要是让绝缘漆渗透到绕组内部,第二次浸渍主要是在绕组(　　)形成致密的漆膜。

103. 当绝缘漆的黏度较(　　)时,其渗透能力差,影响浸漆质量。

104. 真空压力浸漆过程主要控制的参数是真空度和(　　)。

105. 浸漆质量的优劣是决定绝缘系统内部空隙的填充程度和(　　)漆膜质量的重要因素,也是决定电机耐环境因素能力的标志

106. 真空压力浸漆设备中,罐壁加热系统的作用是为绝缘漆加热,这主要是为了(　　)绝缘漆的黏度。

107. 储漆罐的绝缘漆制冷有(　　)制冷和间接制冷两种方式。

108. 真空压力浸漆过程中抽真空的作用是排除绝缘层中的水分和(　　)。

109. 真空测量分为(　　)测量和全压强测量。

110. 真空度常用容器中气体的(　　)来表示。

111. 真空压力浸漆过程中输回漆一般采用(　　)或压差输回漆。

112. 输漆时浸漆罐的液位由(　　)控制。

113. 真空压力浸漆时压力的作用是提高绝缘漆的(　　)。

114. 真空压力浸漆过程中加压介质通常采用干燥(　　)空气。

115. 浸漆时加压的目的是为了缩短浸渍(　　),提高浸透能力。

116. 操作者应按规范填写质量记录,做好产品(　　)。

117. 浸漆罐的形式分为(　　)和卧式。

118. 常用的抽真空机组一般由前级泵和多级(　　)组成。

119. 储漆罐通常分为(　　)和压力式两种。

120. 真空压力浸漆罐的罐口密封形式分为动盖式和(　　)。

121. 真空压力浸漆设备中的过滤器可分为(　　)过滤器和精过滤器。

122. 输漆管路中阀门通常采用(　　)球阀。

123. 浸漆罐在真空状态下(　　)打开罐盖。

124. 在 VPI 设备中热交换器的工作介质为(　　)。

125. 旋转烘焙的作用是减少(　　)的流失。

126. 通过检测(　　)和介质损耗判断电机是否受潮。

127. 烘箱按照通风方式分为(　　)和热风循环两种。

128. 对有溶剂的绝缘漆烘焙温度一般可分(　　)个阶段。

129. 固体含量是表示绝缘树脂、绝缘漆、涂料中溶剂挥发后留下的(　　)的百分含量。

130. 对于浸渍有溶剂漆的产品,工件进罐温度过高时,会促使(　　)大量挥发。

131. 绝缘漆温度过低时,漆的黏度大,(　　)和渗透性差,影响浸漆效果。

132. 吸附法是一种最有效的工业废气(　　)处理手段。

133. 利用活性炭多微孔的(　　)特性，当有机气体通过与活性炭接触，废气中的有机污染物被吸附在活性炭表面从而从气流中脱离出来，达到净化效果。

134. 涂4黏度计是在一定温度下，从规定直径的孔流出的(　　)，以秒为单位。

135. 在浸漆前应(　　)并调整绝缘漆的黏度。

136. 送检漆样时应注明样品的名称、(　　)及送样时间，不准在容器内再倒入与标签不相符的材料。

137. 阿尔斯通电机制造技术中采用模卡对(　　)质量进行验证。

138. 介损仪主要是用来测量介质损耗角正切值的仪器，接线方式有正接法和(　　)。

139. 介质损耗值的(　　)及变化情况在一定程度上可以反映浸漆质量的优劣。

140. 使用手摇式兆欧表时，连线后按顺时针方向摇动手柄，使速度逐渐增至每分钟120转左右并(　　)后再开始读数。

141. 兆欧表主要是用来测量(　　)的仪表。

142. 电机绕组在耐压试验前应测量(　　)。

143. 测量绝缘电阻时兆欧表的高压端接在绕组引线头上，接地端接在(　　)或机座上。

144. 清理有镀层引线头上的漆膜时，只能用百洁布或(　　)轻轻擦拭，禁止用砂纸打磨，以免破坏线头镀层。

145. 常用的覆盖漆按性质可分为(　　)和表面漆。

146. 燃烧是可燃物质与(　　)放出热和光的化学反应。

147. 为确保空气中有毒物质含量在国家规定的最高浓度下，厂房内应有良好的(　　)，同时应定期或经常性的对作业地带空气中的有毒物质含量检测。

148. 闪点在45 ℃以下的液体称为(　　)，闪点在45 ℃以上的液体称为可燃液体。

149. 某种物质在空气中与火源接触而起火，将火源移除仍能继续燃烧的最低温度称为(　　)或燃点。

150. 电器设备发生火灾，未断电前严禁用水或(　　)灭火。

151. 慢性中毒主要发生在劳动条件差，(　　)不够，操作人员警惕性不高的长期情况。

152. 多数有机溶剂在高浓度下对(　　)、上呼吸道黏膜有刺激作用。

153. 毒物能够引起人的中毒，主要决定于毒物在作业区的(　　)。

154. 生产性毒物进入人体的途径有(　　)、消化道和皮肤。

155. 三相异步电动机的铜耗包括定子铜耗和(　　)。

156. 三相异步电动机的铁耗主要是指(　　)。

157. 电枢绕组端部一般采用无纬带绑扎或(　　)。

158. 绕线转子的绕组有(　　)和成型绕组两种类型。

159. 定子嵌线完成后在耐压试验过程中，易发生(　　)和匝间短路两种电气故障。

160. 直流电枢是用来产生(　　)和电磁力矩从而实现能量转换的主要部件。

161. 交流电机的绕组按相数可分为单相绕组、(　　)绕组、三相绕组和多相绕组。

162. 自励式直流电机按照励磁绕组与电枢绕组间连接方式不同分类可分为(　　)、并励和复励。

163. 电机绕组用的导电金属主要是高纯度的铜和(　　)。

164. 换向元件中的电势有自感、(　　)和电枢反应电势。

165. 异步电动机的转子一般为(　　)结构。

二、单项选择题

1. 三线电缆中的蓝线代表(　　)。
(A)零线　(B)火线　(C)地线　(D)N线
2. 通常所说的交流电220 V是指它的(　　)。
(A)平均值　(B)有效值　(C)最大值　(D)瞬时值。
3. 下列物理单位是A/m的是(　　)。
(A)磁通　(B)磁感应强度　(C)磁导体　(D)磁场强度
4. 在物理学中表示导体对电流阻碍作用的大小称为(　　)。
(A)电阻　(B)电阻率　(C)阻抗　(D)感抗
5. 通过一个电器件的电流与电压的乘积就是这个电器件的(　　)。
(A)功率　(B)电功　(C)电压　(D)电阻率
6. 在电介质内部的带电粒子在电场作用下会不同程度的做定向移动而形成传导电流即(　　)。
(A)电导电流　(B)电容电流　(C)吸收电流　(D)泄露电流
7. 基尔霍夫电流定律是用来确定一个回路内各部分(　　)之间关系的定律。
(A)电流　(B)电压　(C)能量　(D)效率
8. 用叠加定理求解电路的步骤是(　　)。
(A)求各分量　(B)求各支路分量　(C)求总量　(D)先求分量再求总量
9. 当6 Ω的电阻在2 h内通过10 A的直流电所消耗的能量为(　　)。
(A)0.12 kW·h　(B)1.2 kW·h　(C)12 J　(D)1 800 J
10. “○/”符号表示该表面粗糙度是用(　　)方法获得。
(A)去除材料的　(B)不去除材料的
(C)任意去除材料方法均可　(D)去或不去除材料均可的
11. 在电机装配图中,装配尺寸链中封闭环所表示的是(　　)。
(A)零件的加工精度　(B)零件尺寸大小
(C)装配精度　(D)装配游隙
12. 公制圆锥工具的锥度为(　　)。
(A)1∶10　(B)1∶15　(C)1∶20　(D)1∶25
13. 投影线与投影面垂直,对形体进行投影的方法叫(　　)投射法。
(A)斜　(B)中心　(C)垂直　(D)倾斜
14. 用来确定线段的长度、圆的直径或圆弧的半径、角度的大小等尺寸统称为(　　)尺寸。
(A)定形　(B)定位　(C)总体　(D)组合
15. 一个底面为多边形,各棱面均为有一个公共点的三角形,这样的形体称为(　　)。
(A)圆锥　(B)棱锥　(C)圆柱　(D)棱柱
16. 零件的说明、要求、质量指标等在零件图的(　　)中查找。

(A)技术要求 (B)完整的尺寸 (C)一组视图 (D)标题栏

17. 加工或装配过程中所使用的基准称为(　　)基准。

(A)主要 (B)辅助 (C)工艺 (D)设计

18. 同一基本尺寸的表面,若具有不同的公差时,应用(　　)分开,分别标注其公差。

(A)点划线 (B)双点划线 (C)细实线 (D)虚线

19. 当孔的上偏差小于相配合的轴的下偏差时,此配合的性质是(　　)。

(A)间隙配合 (B)过渡配合 (C)过盈配合 (D)无法确定

20. 在一对配合中,孔的上偏差 $ES=+0.03$ mm,下偏差 $EI=0$,轴的上偏差 $es=-0.03$ mm,下偏差 $ei=-0.04$ mm,其最大间隙为(　　)mm。

(A)0.06 (B)0.07 (C)0.03 (D)0.04

21. 由下向上投影所得的视图称为(　　)视图。

(A)后 (B)俯 (C)右 (D)仰

22. 正等测的轴间角是(　　)。

(A)90° (B)120° (C)180° (D)150°

23. 当孔的下偏差大于相配合的轴的上偏差时,此配合的性质是(　　)。

(A)间隙配合 (B)过渡配合 (C)过盈配合 (D)无法确定

24. 效率低的运动副接触形式是(　　)接触。

(A)齿轮 (B)凸轮 (C)螺旋面 (D)滚动轮

25. 传动比大而且准确传动有(　　)传动。

(A)带 (B)链 (C)齿轮 (D)涡轮蜗杆

26. 普通平带的传动比一般不大于(　　)。

(A)3 (B)5 (C)6 (D)10

27. 带传动的传动比不大于(　　)。

(A)3 (B)5 (C)6 (D)10

28. 用剖切面局部地剖开物体所得的剖视图称为(　　)剖视图。

(A)全 (B)半 (C)局部 (D)完整

29. 表面粗糙度的评定参数有 R_a、R_y、R_z,优先选用(　　)。

(A)R_a (B)R_y (C)R_z (D)R_a 和 R_y

30. 位置公差符号"//"表示(　　)。

(A)倾斜度 (B)平行度 (C)直线度 (D)平面度

31. 限制工件自由度少于 6 点的定位,叫做(　　)定位。

(A)不完全 (B)完全 (C)过 (D)欠

32. 相同材料的弯曲,弯曲半径越小,变形(　　)。

(A)越大 (B)越小 (C)不变 (D)可能大,也可能小

33. 带传动具有(　　)的特点。

(A)传动比不准确 (B)瞬时传动比准确

(C)平均传动比准确 (D)传动比准确

34. 齿轮传动的特点有(　　)。

(A)寿命长,效率低 (B)传递的功率和速度范围大

(C)传动不平稳　　(D)制造和安装精度要求不高

35. 带传动是依靠(　　)来传递运动和动力的。

(A)主轴的动力　　(B)主动轮的转矩

(C)带与带轮间的摩擦力　　(D)带与带轮间的正压力

36.(　　)可用于两轴相交的传动场合。

(A)直齿圆柱齿轮传动　　(B)斜齿圆柱齿轮传动

(C)圆锥齿轮传动　　(D)蜗杆传动

37. 液压系统的执行元件是(　　)。

(A)电动机　　(B)液压缸　　(C)液压泵　　(D)液压控制阀

38. 液压系统的功率等于系统的(　　)乘积。

(A)压力和面积　　(B)压力和流量　　(C)负载和面积　　(D)速度和面积

39. 电脑病毒的主要危害是(　　)。

(A)损坏电脑的显示器　　(B)干扰电脑的正常运行

(C)影响操作者的健康　　(D)使电脑长锈腐烂

40. IP 地址是(　　)。

(A)接入 Internet 的计算机地址编号　　(B)Internet 中的子网地址

(C)Internet 中网络资源的地理位置　　(D)接入 Internet 的局域网

41. 在 Word 中,用鼠标拖拽方式进行复制和移动操作时,它们的区别是(　　)。

(A)移动时直接拖拽,复制时需要按住 Ctrl 键

(B)移动时直接拖拽,复制时需要按住 Shift 键

(C)复制时直接拖拽,移动时需要按住 Ctrl 键

(D)复制时直接拖拽,移动时需要按住 Shift 键

42. 要将一个已编辑好的文档保存到当前目录外的另一指定目录中,正确操作方法是(　　)。

(A)选择"文件"菜单/单击"保存",让系统自动保存

(B)选择"文件"菜单/单击"另存为",再在"另存为"文件对话框中选择目录保存

(C)选择"文件"菜单/单击"退出",让系统自动保存

(D)选择"文件"菜单/单击"关闭",让系统自动保存

43. 计算机网络的资源共享功能包括(　　)。

(A)硬件资源和软件资源共享　　(B)设备资源和非设备资源共享

(C)软件资源和数据资源共享　　(D)硬件资源、软件资源和数据资源共享

44. Word 的查找,替换功能非常强大,下面的叙述中正确的是(　　)。

(A)不可以指查找文字的格式,只可以指定替换文字的格式

(B)可以指定查找文字的格式,但不可以指定替换文字的格式

(C)不可以按指定文字的格式进行查找及替换

(D)可以按指定文字的格式进行查找及替换

45. 在 Word 编辑状态下,格式刷可以复制(　　)。

(A)段落的格式和内容　　(B)段落和文字的格式

(C)文字的格式和内容　　(D)段落和文字的格式和内容

46. 在 Word 中选定一个句子的方法是(　　)。

(A)单击该句中的任意位置　　(B)按住 Ctrl 同时单击句中任意位置

(C)双击该句中任意的位置　　(D)按住 Ctrl 同时双击名中任意位置

47. 在 Word 的编辑状态,执行"文件"菜单中的"保存"命令后(　　)。

(A)将所有打开的文档存盘

(B)只能将当前文档存储在原文件夹内

(C)可以将当前文档存储在原文件夹内

(D)可以先建立一个新文件夹,再将文档存储在该文件夹内

48. 有关格式刷正确说法是(　　)。

(A)格式刷可以用来复制字符格式和段落格式

(B)将选定格式复制到不同位置的方法是单击"格式刷"按钮

(C)双击格式刷只能将选定格式复制到一个位置

(D)"格式刷"按钮无任何作用

49. 在 Word 的编辑状态,执行编辑菜单中的"复制"命令后(　　)。

(A)被选择的内容被复制到插入点处

(B)被选择的内容被复制到剪贴板

(C)插入点后的段落内容被复制到剪贴板

(D)光标所在的段落内容被复制到剪贴板

50. 在 Word 的编辑状态,进行字体设置操作后,按新设置的字体显示的文字是(　　)。

(A)插入点所在段落后的文字　　(B)文档中被选定的文字

(C)插入点所在行中的文字　　(D)文档的全部文字

51. Windows 窗口右上角的×按钮是(　　)。

(A)最小化按钮　　(B)最大化按钮　　(C)关闭按钮　　(D)选择按钮

52. Windows 中,执行开始菜单中的程序,一般需要(　　)。

(A)单击　　(B)双击　　(C)右击　　(D)指向

53. 金属材料发生屈服现象时的屈服极限,称为(　　)。

(A)疲劳强度　　(B)屈服强度　　(C)断裂强度　　(D)伸长率

54. 钢的含碳量是(　　)。

(A)＜0.021 8%　　(B)0.021 8%～2%　　(C)2%～6.69%　　(D)＞6.69%

55. 下面不是回火的是(　　)。

(A)室温回火　　(B)低温回火　　(C)中温回火　　(D)高温回火

56. 下面对退火的目的描述正确的是(　　)。

(A)降低硬度,改善切削加工性

(B)消除残余应力,稳定尺寸,减少变形与裂纹倾向

(C)细化晶粒,调整组织,消除组织缺陷

(D)以上都对

57. 磁通的单位在国际单位制中是(　　)。

(A)Wb　　(B)Gs　　(C)A/m　　(D)T

58. 用涂 5 黏度杯测得的黏度值单位是(　　)。

(A)s　(B)Pa　(C)Pa・s　(D)cP

59. 1.5 t 相当于(　　)。

(A)1 500 000 kg　(B)1 500 kg　(C)150 kg　(D)15 000 kg

60. 黏度单位换算正确的是(　　)。

(A)1 cP=1 cPa・s　(B)1 P=1 Pa・s

(C)1 cP=1 Pa・s　(D)1 P=100 cP

61. 压强 1 kPa 等于(　　)。

(A)1 000 Pa　(B)0.1 Pa　(C)0.01 Pa　(D)10 Pa

62. 压强的 0.01 MPa 等于(　　)。

(A)1 000 Pa　(B)10 000 Pa　(C)100 000 Pa　(D)1 000 000 Pa

63. 压强 0.1 毫巴(mbar)等于(　　)。

(A)1 帕斯卡(Pa)　(B)10 帕斯卡(Pa)

(C)100 帕斯卡(Pa)　(D)1 000 帕斯卡(Pa)

64. 压强 1 托(Torr)等于(　　)。

(A)1.33 毫巴(mbar)　(B)0.75 毫巴(mbar)

(C)760 毫巴(mbar)　(D)25.4 毫巴(mbar)

65. 表面漆 487 中树脂与固化剂比例为 25∶1,配置 0.52 kg 的表面漆,需要固化剂(　　)。

(A)0.02 kg　(B)0.2 kg　(C)0.5 kg　(D)0.1 kg

66. 耐热等级 B 所对应的温度是(　　)。

(A)130 ℃　(B)155 ℃　(C)170 ℃　(D)180 ℃

67. 匝间绝缘是(　　)。

(A)将绕组与铁芯隔开　(B)将同相绕组相互间隔开

(C)绕组匝与匝之间的绝缘　(D)将不同相的绕组隔开

68. 测量电磁线厚度时,应选用(　　)。

(A)游标卡尺　(B)外径千分尺　(C)钢直尺　(D)外径卡尺

69. 绝缘材料为 F 级时,它的最高允许工作温度是(　　)。

(A)120 ℃　(B)130 ℃　(C)155 ℃　(D)180 ℃

70. 下列物质属于固体绝缘材料的是(　　)。

(A)云母　(B)六氟化硫　(C)变压器油　(D)二氧化碳

71. Y 级绝缘材料最高允许使用温度为(　　)。

(A)90 ℃　(B)105 ℃　(C)120 ℃　(D)155 ℃

72. 空气导热率为(　　)。

(A)0.023 W/(m・℃)　(B)0.23 W/(m・℃)

(C)2.3 W/(m・℃)　(D)23 W/(m・℃)

73. 绝缘漆类产品的命名原则是产品名称由(　　)组成。

(A)化学成分　(B)基本名称

(C)化学成分和基本名称　(D)按照绝缘漆的名称命名

74. 代号为 1168 的绝缘漆(　　)数字表示大类代号。

(A)第一位 1　(B)第二位 1　(C)第三位 6　(D)第四位 8

75. 浸渍漆的最高允许工作温度为 180 ℃时,其绝缘材料的等级为(　　)。

(A)B 级　(B)F 级　(C)H 级　(D)C 级

76. 聚酰亚胺薄膜的电气性能(　　)空气。

(A)高于　(B)低于　(C)等于　(D)以上都不对

77. 浸渍 T1168 漆的产品进罐温度一般是(　　)。

(A)室温　(B)35～40 ℃　(C)50～60 ℃　(D)60～70 ℃

78. 浸渍 9960 漆的产品进罐温度一般是(　　)。

(A)室温　(B)35～40 ℃　(C)60～70 ℃　(D)50～60 ℃

79. 使用的 H62 树脂输漆时漆温控制在(　　)。

(A)室温　(B)35～40 ℃　(C)60～65 ℃　(D)45～55 ℃

80. 使用涂 4 黏度杯测量绝缘漆黏度,时间越短黏度(　　)。

(A)越大　(B)越小　(C)无关　(D)以上都对

81. 目前,对动车定子浸渍的最佳方法为(　　)。

(A)真空压力浸漆　(B)普通浸漆　(C)滴浸　(D)沉浸

82. W1169 绝缘漆黏度偏大后可使用(　　)进行调节。

(A)甲基苯乙烯　(B)苯乙烯　(C)二甲苯　(D)水

83. 根据使用场合、环境工况合理选择吊索吊具,吊索之间夹角不小于 20°,(　　)120°。

(A)不大于　(B)不小于　(C)等于　(D)大于

84. 电机浸漆过程中通过检测(　　)的变化来判断浸漆质量。

(A)电压　(B)电流　(C)电容值　(D)介质损耗

85. 在电机预烘过程中,通过测定(　　)来确定电机是否彻底干燥。

(A)温度　(B)电容值　(C)绝缘电阻　(D)介质损耗

86. 国家标准规定二甲苯最高允许排放浓度是(　　)。

(A)70 mg/m^3　(B)80 mg/m^3　(C)90 mg/m^3　(D)120 mg/m^3

87. 在烘焙过程中最有效的减少废气产生的措施是(　　)。

(A)使用无溶剂漆　(B)使用有溶剂漆　(C)少加稀释剂　(D)少加活性稀释剂

88. 工件烘焙温度为 150 ℃时,其报警温度应设为(　　)。

(A)180 ℃　(B)190 ℃　(C)155 ℃　(D)210 ℃

89. 涂 5 黏度杯的漏嘴孔直径为(　　)。

(A)2 mm　(B)3.76 mm　(C)4.26 mm　(D)5.28 mm

90. 压力传感器是一种能感受压力并按照一定的规律将(　　)转换成可输出信号的器件或装置。

(A)温度　(B)压力　(C)电流　(D)电压

91. 为了保证绝缘漆长期储存,储漆罐的温度为(　　)。

(A)－10～0 ℃　(B)0～10 ℃　(C)10～20 ℃　(D)20～30 ℃

92. 所有配件从本工序流出必须经过(　　)检查。

(A)质检员　(B)自检　(C)工艺员　(D)班组内部检查人员

93. 烘箱不加热的主要原因有(　　)。

(A)联线故障　(B)接触器烧损　(C)变压器短路　(D)可控硅烧损

94. 铝的导热率为(　　)。

(A)0.2 W/(m·℃)　(B)2.3 W/(m·℃)

(C)23 W/(m·℃)　(D)237 W/(m·℃)

95. 绝缘材料的电导率随环境温度的降低而(　　)。

(A)增大　(B)减小　(C)无关　(D)以上都对

96. 绝缘材料产品型号的编制一般采用四位数,第三位数代表了绝缘材料产品的(　　)。

(A)大类　(B)小类　(C)温度指数　(D)品种的差异

97. 环氧树脂固化前是线型分子结构,不能直接使用,必须用(　　)使其交联。

(A)稀释剂　(B)固化剂　(C)滑石粉　(D)酒精

98. 在绝缘漆固化过程中增进或控制固化反应的物质是(　　)。

(A)稀释剂　(B)固化剂　(C)阻聚剂　(D)抗凝剂

99. 使需要浸渍工件分段浸渍,每次浸没一部分绕组,然后转动工件,直至全部绕组均浸过绝缘漆,这种浸渍方式叫(　　)。

(A)滴浸　(B)滚浸　(C)沉浸　(D)真空压力浸

100. H62C 漆黏度工艺指标为(　　)。

(A)11～27 mPa·s　(B)110～270 mPa·s

(C)1.1～2.7 Pa·s　(D)1.1～2.7 mPa·s

101. 在吊运工件过程中,司机对(　　)发出的“紧急停车”信号都应服从。

(A)操作人员　(B)任何人员　(C)行走人员　(D)特殊人员

102. 翻身机翻转 90°所用时间是(　　)。

(A)20～30 s　(B)40～50 s　(C)60～120 s　(D)100～200 s

103. 浸渍 H62C 树脂时,真空度一般要求为(　　)。

(A)大于 1 500 Pa　(B)小于 1 500 Pa　(C)大于 400 Pa　(D)小于 70 Pa

104. 浸渍 W1169 有机硅树脂时真空度一般要求小于(　　)。

(A)2 000 Pa　(B)1 000 Pa　(C)500 Pa　(D)200 Pa

105. 真空压力浸 T1168 漆时,真空干燥的要求是(　　)。

(A)当真空度≤100 Pa 时,停止抽真空,保持 30 min

(B)当真空度≤200 Pa 时,停止抽真空,保持 30 min

(C)当真空度≤100 Pa 时,停止抽真空,保持 10 min

(D)当真空度≤200 Pa 时,停止抽真空,保持 10 min

106. 极限压力高,则真空度(　　)。

(A)高　(B)低　(C)无关　(D)以上都不对

107. 真空压力浸漆时,真空度一般为(　　)。

(A)≤2 000 Pa　(B)≤200 Pa　(C)≤20 Pa　(D)≤2 Pa

108. 真空压力浸漆时,压力一般要求为(　　)。

(A)0.1～0.2 MPa　(B)0.2～0.3 MPa

(C)0.49～0.6 MPa　(D)0.3～0.4 MPa

109. 真空压力浸漆设备运行的压缩空气源压力为(　　)。

(A)0.06 MPa (B)0.6 MPa (C)6 MPa (D)60 MPa

110. 国产真空罗茨泵设备加注的润滑油型号分别是(　　)。

(A)GS77 (B)VM100 (C)KK-1 (D)VE101

111. 大电流加热设备运行的电源电压是(　　)。

(A)110 V (B)220 V (C)380 V (D)690 V

112. 浸漆罐罐体加热介质为(　　)。

(A)导热油 (B)水 (C)汽油 (D)酒精

113. 油环泵使用的工作介质是(　　)。

(A)GS77 (B)变压器油 (C)VM100 (D)VE100

114. 真空压力浸漆罐属于(　　)容器。

(A)普通 (B)压力 (C)密封 (D)开放

115. 罗茨泵亦称机械式(　　)。

(A)分压泵 (B)减压泵 (C)增压泵 (D)调压泵

116. 罗茨泵的理论抽速与前级泵理论抽速的配比关系为(　　)。

(A)5∶1～8∶1 (B)2∶1～4∶1 (C)9∶1～15∶1 (D)16∶1～20∶1

117. 罗茨泵跟前级泵比较,在较宽的压力范围内有(　　)的抽速。

(A)较大 (B)较小 (C)相同 (D)以上都不对

118. 压缩空气净化干燥器可以将压缩空气的露点降到(　　)。

(A)－100 ℃ (B)－40 ℃ (C)－80 ℃ (D)－60 ℃

119. 真空压力浸漆设备简称为(　　)设备。

(A)VPI (B)VIP (C)VCR (D)VCD

120. 浸漆设备冷却液添加的是(　　)。

(A)酒精 (B)甲苯 (C)二甲苯 (D)乙二醇

121. 真空管路的涂装采用(　　)。

(A)蓝色 (B)绿色 (C)淡黄色 (D)红色

122. 烘焙过程中,烘箱监控人员至少需在(　　)内巡视一次。

(A)3 小时 (B)2 小时 (C)1.5 小时 (D)1 小时

123. 旋转烘焙时工件外缘的线速度为(　　)。

(A)1～5 m/min (B)5～10 m/min (C)15～30 m/min (D)50～100 m/min

124. H62C 有机硅树脂固化挥发份要求是(　　)。

(A)≤1% (B)≤5% (C)≤10% (D)≤20%

125. 涂 4 杯黏度计的容量为(　　)。

(A)50 mL (B)100 mL (C)150 mL (D)200 mL

126. 现阶段使用的绝缘漆固化挥发份为(　　)。

(A)≤5% (B)5%～10% (C)10%～15% (D)15%～20%

127. 产品质量是否合格是以(　　)来判断的。

(A)质检员水平 (B)技术标准 (C)工艺条件 (D)工艺标准

128. 加新漆时要做好加漆记录,记录内容包括(　　)。

(A)漆的型号、生产批号、加漆数量、加漆日期及操作者

(B)漆的型号、生产厂家、生产批号、加漆数量、加漆日期及操作者
(C)生产厂家、生产批号、加漆数量、加漆日期及操作者
(D)漆的型号、生产厂家、加漆数量、加漆日期及操作者

129. 测电气设备的绝缘电阻时,额定电压 800 V 以上的设备应选用(　　)兆欧表。
(A)1 000 V 或 2 500 V　　(B)500 V 或 1 000 V
(C)500 V　　(D)400 V

130. 测量 500～1 000 V 交流电动机应选用(　　)的摇表。
(A)2 500 V　　(B)1 000 V　　(C)500 V　　(D)5 000 V

131. 手摇发电机式兆欧表使用前,指针指示在标度尺的(　　)。
(A)"0"处　　(B)"∞"处　　(C)中央处　　(D)任意位置

132. 测量 380 V 电动机定子绕组的绝缘电阻应该用(　　)。
(A)万用表　　(B)500 V 兆欧表　　(C)1 000 V 兆欧表　　(D)2 500 V 兆欧表

133. 测量定子的介质损耗时,如果其增量小,表明工件的浸漆效果(　　)。
(A)好　　(B)坏　　(C)无关　　(D)以上都不对

134. 若绕组的对地绝缘电阻为零,说明电机绕组已经(　　)。
(A)接地　　(B)匝短　　(C)短路　　(D)以上都不对

135. 正确检测电机匝间绝缘的方法是(　　)。
(A)工频对地耐压试验　　(B)测量绝缘电阻
(C)中频匝间试验和匝间脉冲试验　　(D)测量线电阻

136. 线圈匝间绝缘损坏击穿的原因是由(　　)而引起的。
(A)匝间电压过高或匝间绝缘损坏　　(B)电机短时过载
(C)电机绕组电阻大　　(D)电机绕组电阻小

137. 电机三相电流平衡试验时,如果线圈局部过热,则可能是(　　)。
(A)匝间短路　　(B)极对数接错
(C)并联支路数接错　　(D)极性接错

138. 电气试验人员进入作业区要穿(　　)。
(A)皮鞋　　(B)布鞋　　(C)胶鞋　　(D)绝缘鞋

139. 交流电机(　　)的目的是考核绕组绝缘的介电强度,保证绕组绝缘的可靠性。
(A)空转检查　　(B)绝缘电阻测定
(C)三相电流平衡试验　　(D)耐压试验

140. 交流电机耐压试验时,施加电压从试验电压值的 50%开始,逐步增加,以试验电压值的(　　)均匀分段增加到全值。
(A)5%　　(B)10%　　(C)20%　　(D)30%

141. 耐压试验是在绕组与机壳或铁芯之间和各相绕组之间加上 50 Hz 的高压交流电试验电压,试验(　　)min,绝缘应无击穿现象。
(A)1　　(B)3　　(C)5　　(D)7

142. 定子铁芯线圈出罐后,装工装前检查产品的主要项点包括(　　)。
(A)铁芯表面应无损伤　　(B)线圈无损伤、无变形
(C)槽楔无松动,传感器线完好　　(D)ABC 全是

143. 普通粗牙螺纹的牙型符号是(　　)。

(A)Tr　(B)G　(C)S　(D)M

144. 普通螺纹按螺距分为粗牙螺纹和细牙螺纹(　　)。

(A)粗牙螺纹连接强度较高　(B)细牙螺纹连接强度较高

(C)两种连接强度一样　(D)两种连接强度不一定哪个高

145. 下面是细牙螺纹的是(　　)。

(A)M16×2　(B)M18×2　(C)M20×2.5　(D)M24×3

146. 清铲过丝时,应保持丝锥的中心线与螺孔中心线(　　)。

(A)水平　(B)重合　(C)倾斜　(D)有一定的角度要求

147. Pt100 就是指(　　)的阻值是 100 Ω。

(A)0 ℃　(B)10 ℃　(C)20 ℃　(D)23 ℃

148. 由于涂料施工所使用的材料绝大多数是(　　)物质,所以存在火灾与爆炸的危险。

(A)有毒　(B)易燃　(C)固态　(D)液态

149. 涂料稀释剂是有毒和易燃品,应注意安全使用和(　　),操作人员应穿戴好劳动保护用品。

(A)露天存放　(B)潮湿处存放　(C)妥善保管　(D)随意存放

150. 空气喷涂中,为了净化空气,使喷涂光滑平整,应当采用净化设备(　　)。

(A)射水抽水器　(B)过滤器　(C)精过滤器　(D)油水分离器

151. 喷涂最普遍采用的方法是(　　)。

(A)静电喷涂法　(B)流化喷涂法　(C)空气喷涂法　(D)液化喷涂法

152. 表面预处理要达到的主要目的就是增强涂膜对物体表面的(　　)。

(A)遮盖力　(B)着色力　(C)附着力　(D)厚度

153. 涂膜的硬度与其干燥程度有关,一般来说,涂膜干燥越彻底,硬度(　　)。

(A)无变化　(B)会越高　(C)反而差　(D)以上都不对

154. TJ1357-2 表面漆的固化剂与底漆按质量比(　　)配比。

(A)4∶1　(B)1∶4

(C)1∶1　(D)根据环境温度,凭经验配比

155. 通过人身的直流安全电流规定在(　　)以下。

(A)10 mA　(B)50 mA　(C)100 mA　(D)1 000 mA

156. 根据《职业病防治法》的规定,用人单位对从业人员的职业健康义务有(　　)。

(A)5 项　(B)8 项　(C)10 项　(D)9 项

157. 低压验电笔一般适用于交、直流电压为(　　)以下。

(A)220 V　(B)380 V　(C)500 V　(D)1 000 V

158. 施工现场照明设施的接电应采取的防触电措施为(　　)。

(A)戴绝缘手套　(B)切断电源　(C)站在绝缘板上　(D)无需防护

159. 作为质量管理的一部分,(　　)致力于提供质量要求会得到满足的信任。

(A)质量策划　(B)质量控制　(C)质量改进　(D)质量保证

160. 根据质量要求设定标准,测量结果,判定是否达到了预期要求,对质量问题采取措施进行补救并防止再发生的过程是(　　)。

(A)质量检验　(B)质量控制　(C)质量改进　(D)质量策划

161. 质量策划的目的是保证最终的结果能满足(　　)。

(A)顾客的需要　(B)相关质量标准

(C)企业成本的有效控制　(D)相关方的需要

162. 控制图是一种(　　)。

(A)利用公差界限控制过程的图

(B)用于控制过程质量是否出于控制状态的图

(C)根据上级下达指标设计的因果图

(D)用于控制成本的图

163. 在高速传动中,既能补偿两轴的偏移,又不会产生附加载荷的联轴器是(　　)联轴器。

(A)凸缘式　(B)齿式　(C)十字滑块式　(D)万向式

164. 对于叠绕组每一支路各元件的对应边应处于(　　)下,以获得最大的支路电动势和电磁转矩。

(A)同极性主极　(B)同极性副极　(C)同一主极　(D)同一副极

165. 电机绕组匝间耐压正确的检测方法为(　　)。

(A)工频对地耐压试验　(B)检查测量绝缘电阻

(C)匝间脉冲试验　(D)检查测量线电阻

三、多项选择题

1. 电路是由(　　)和控制设备等组成的导电的回路。

(A)负载　(B)电阻　(C)连接导线　(D)电源

2. 三相电源一般联成的形状是(　　)。

(A)星形　(B)V形　(C)三角形　(D)Z形

3. 与媒介质磁导率有关的物理量是(　　)。

(A)磁通　(B)磁场强度　(C)磁感应强度　(D)磁阻

4. 以下属于电工常用测量方法的是(　　)。

(A)校核测量法　(B)比较测量法　(C)直接测量法　(D)间接测量法

5. 如果一对孔轴装配后无间隙,则这一配合可能是(　　)。

(A)间隙配合　(B)过盈配合　(C)过渡配合　(D)三者均可能

6.(　　)是误差来源的主要方面。

(A)计量器具误差　(B)基准误差　(C)方法误差　(D)环境及人为误差

7. 以下属于在机械制造中零件的加工质量包括(　　)。

(A)形状精度　(B)位置精度　(C)尺寸精度　(D)表面几何形状特征

8. 以下属于检测过程四要素的是(　　)。

(A)检测方法　(B)计量单位　(C)检测对象　(D)检测精度

9. 使用万用表测量电阻时应注意的事项有(　　)。

(A)测量时双手不可碰到电阻引脚及表笔金属部分

(B)选择适当的倍率档,然后接零

(C)准备测量电路中的电阻时，应先切断电源，切不可带电测量

(D)测量电路中某一电阻时，应将电阻的一端断开

10. 以下配合代号标注正确的是(　　)。

(A)ϕ30h7/D8　　(B)ϕ30H7/p6　　(C)ϕ30H7/k6　　(D)ϕ30H8/h7

11. 以下配合中(　　)是间隙配合。

(A)ϕ30H8/m7　　(B)ϕ30H8/r7　　(C)ϕ30H7/q6　　(D)ϕ30H7/t6

12. 关于公差等级的不正确论述是(　　)。

(A)公差等级的高低，影响公差带的大小，决定配合的精度

(B)在满足要求的前提下，应尽量选用高的公差等级

(C)公差等级高，则公差带宽

(D)孔轴相配合，均为同级配合

13. 关于公差与配合的不正确论述是(　　)。

(A)配合的选择方法一般有计算法类比法和调整法

(B)在任何情况下应尽量选用低的公差等级

(C)从经济上考虑应优先选用基孔制

(D)从结构上考虑应优先选用基轴制

14. 以下属于形位公差带的四要素的是(　　)。

(A)基准　　(B)数值　　(C)形状　　(D)位置

15. 蜗杆传动的优点是(　　)。

(A)效率高　　(B)传动平稳　　(C)传动比大　　(D)有自锁作用

16. (　　)属于基本视图。

(A)右视图　　(B)左视图　　(C)主视图　　(D)俯视图

17. 一张完整的零件图样应包括(　　)。

(A)技术要求　　(B)尺寸　　(C)视图　　(D)标题栏

18. 以下属于配合方式的有(　　)。

(A)紧凑配合　　(B)过渡配合　　(C)间隙配合　　(D)过盈配合

19. 标注粗糙度的代码时应包括(　　)。

(A)尺寸界线　　(B)尺寸线　　(C)数值　　(D)可见轮廓线

20. 以下尺寸中，平面图形中的尺寸按照作用分为(　　)。

(A)定量尺寸　　(B)定形尺寸　　(C)基准尺寸　　(D)定位尺寸

21. 下列对于剖视图的说法中正确的有(　　)。

(A)按照剖视占用视图的范围可分为全剖视图、半剖视图、局部剖视图、复合剖视图

(B)在局部剖视图中，视图与剖视用波浪线分界，且波浪线不应与图形上其他图线重合

(C)半剖视图主要适用于内外结构形状较复杂且具有对称或接近对称的情况

(D)全剖视图主要适用于外形简单、内部结构比较复杂且没有对称性的情况

22. (　　)是在画剖视图时易出现的错误。

(A)半剖视图中可省略的虚线未省略

(B)画半剖视图时，剖视图与视图的分界线是该图形的对称线，使用粗实线

(C)画半剖视图时，剖视图与视图的分界线是该图形的对称线，使用细点划线

(D)出现"漏线"现象

23. 基本偏差代号为 f 的轴与基本偏差代号为 H 的孔不可能构成(　　)。

(A)间隙配合　　(B)过渡配合或过盈配合

(C)过盈配合　　(D)过渡配合

24.(　　)是切割型的组合体看图时不能用的分析方法。

(A)面分析法　　(B)形体分析法　　(C)线分析法　　(D)原始分析法

25. 相邻两零件的配合面间和接触面不能画(　　)条线。

(A)四　　(B)三　　(C)二　　(D)一

26. 同一零件在各剖视图中,剖面线的方向和间隔不允许(　　)。

(A)宽窄不等　　(B)保持一致　　(C)互相相反　　(D)宽窄相等

27. 下列属于紧固件的是(　　)。

(A)紧定螺钉　　(B)双头螺柱　　(C)螺栓　　(D)螺母

28. Word 具有的功能包括(　　)。

(A)表格处理　　(B)绘制图形　　(C)自动更正　　(D)字数统计

29. 计算机病毒的特点包括(　　)。

(A)偶然性　　(B)潜伏性　　(C)传染性　　(D)破坏性

30. 关于 Word 中的多文档窗口操作的正确说法是(　　)。

(A)允许同时打开多个文档进行编辑,每个文档有一个文档窗口

(B)多个文档编辑工作结束后,只能一个一个地存盘或关闭文档窗口

(C)文档窗口可以拆分为两个文档窗口

(D)多文档窗口间的内容可以进行剪切、粘贴和复制等操作

31. 金属材料在外力作用下外力不同,产生的变形也不同所反映出来的性能不同可分为(　　)。

(A)剪切　　(B)压缩　　(C)拉伸　　(D)弯曲

32. 金属材料常见力学性能包括(　　)。

(A)强度　　(B)塑性　　(C)弹性　　(D)硬度

33. 下列属于钢的热处理的种类的是(　　)。

(A)正火　　(B)回火　　(C)退火　　(D)淬火

34. 下列属于电阻的单位的是(　　)。

(A)kΩ　　(B)Ω　　(C)mΩ　　(D)MΩ

35. 下列属于黏度的单位是(　　)。

(A)s　　(B)m^2/s　　(C)Pa　　(D)Pa·s

36. 关于黏度单位换算正确的是(　　)。

(A)1 cP=1 Pa·s　　(B)1 P=0.1 Pa·s

(C)1 cP=1 mPa·s　　(D)1 P=100 cP

37. 属于长度单位是(　　)。

(A)平方米　　(B)码　　(C)英寸　　(D)海里

38. 伏特(V)是(　　)的计量单位。

(A)电位　　(B)电动势　　(C)电压　　(D)电源

39. 电机的绝缘处理一般具有(　　)特点和不安全因素。

(A)高温　　(B)有毒　　(C)易燃易爆　　(D)腐蚀性强

40. 属于绝缘材料耐热等级的是(　　)。

(A)F 级绝缘　　(B)A 级绝缘　　(C)H 级绝缘　　(D)C 级绝缘

41. 根据 JB/T 2197—1996 电气绝缘材料产品分类、命名及型号编制方法规定，下列表述正确的是(　　)。

(A)第四位数表示电气绝缘材料产品品种代号

(B)第三位数表示电气绝缘材料产品耐温指数代号

(C)第二位数表示电气绝缘材料产品小类代号

(D)第一位数表示电气绝缘材料产品大类代号

42. 以下关于漆、可聚合树脂和胶类的小类代号和名称描述正确的是(　　)。

(A)代号 3，硬质覆盖漆、瓷漆　　(B)代号 2，覆盖漆、防晕漆、半导电漆

(C)代号 1，无溶剂可聚合树脂　　(D)代号 0，有机溶剂

43. 关于绝缘材料命名中温度指数描述正确的是(　　)。

(A)代号 6，温度指数不低于 200 ℃　　(B)代号 5，温度指数不低于 180 ℃

(C)代号 4，温度指数不低于 155 ℃　　(D)代号 7，温度指数不低于 220 ℃

44. (　　)会降低绝缘物绝缘性能或导致破坏。

(A)腐蚀性气体　　(B)粉尘　　(C)潮气　　(D)机械损伤

45. 电机绕组的绝缘包括(　　)。

(A)股间绝缘　　(B)匝间绝缘　　(C)主绝缘　　(D)层间绝缘

46. 绝缘材料的性能包括(　　)。

(A)良好的介电性能　　(B)良好的耐潮性

(C)良好的耐热性　　(D)良好的机械强度

47. 绝缘漆一般是由(　　)组成。

(A)树脂　　(B)稀释剂　　(C)固化剂　　(D)引发剂

48. 绝缘材料的老化形式包括(　　)。

(A)电老化　　(B)热老化　　(C)环境老化　　(D)自然老化

49. 绝缘材料的主要性能包括(　　)。

(A)力学性能　　(B)热性能　　(C)电气性能　　(D)理化性能

50. 绝缘漆按使用范围及形态分为(　　)。

(A)浸渍绝缘漆　　(B)覆盖绝缘漆　　(C)硅钢片绝缘漆　　(D)漆包线绝缘漆

51. 下列属于支架绝缘的作用的是(　　)。

(A)增加绕组对地电气绝缘强度　　(B)增加绕组匝间绝缘强度

(C)保护绕组绝缘不受损伤　　(D)增加绕组相间绝缘强度

52. 下列属于常用的外包绝缘材料的是(　　)。

(A)漆布　　(B)热缩带　　(C)无碱玻璃丝带　　(D)复合材料 NHN

53. 下列属于常用绝缘材料的耐热等级的是(　　)。

(A)F 级绝缘　　(B)A 级绝缘　　(C)D 级绝缘　　(D)H 级绝缘

54. 一般电机绕组常见的绝缘材料包括(　　)。

(A)玻璃丝带 (B)聚酰亚胺薄膜 (C)云母带 (D)绝缘漆

55. 固化后的绝缘漆具有以下优良的性能的是( )。

(A)耐溶剂 (B)耐碱 (C)耐酸 (D)耐潮

56. 浸漆过程一般存在不安全因素有( )。

(A)易燃 (B)易爆 (C)有毒 (D)腐蚀性强

57. 无溶剂漆关键技术指标包括( )。

(A)厚层固化能力 (B)凝胶时间 (C)黏度 (D)固化挥发物含量

58. 根据国标规定,( )属于代表绝缘漆的绝缘产品型号。

(A)4330 (B)3240 (C)1168 (D)1169

59. 下列属于绝缘漆的用途的是( )。

(A)覆盖 (B)外观装饰 (C)浸渍 (D)胶粘

60. 下列不属于浸渍漆的是( )。

(A)1357-2 (B)193 (C)1168 (D)1357-6

61. 下列属于活性稀释剂的有( )。

(A)甲基苯乙烯 (B)水 (C)二甲苯 (D)乙烯基甲苯

62. 下列属于有溶剂浸渍漆的优点的有( )。

(A)烘焙中漆流失少 (B)储存稳定

(C)使用方便 (D)漆价便宜

63. 下列属于有溶剂浸渍漆的缺点的有( )。

(A)浪费资源 (B)毒性 (C)不安全性 (D)易燃易爆

64. 下列属于无溶剂浸渍漆的优点的有( )。

(A)无溶剂挥发 (B)浸漆次数少 (C)绝缘层致密 (D)漆价便宜

65. 预烘一般在一定真空度下进行对于预烘过程可以( )。

(A)较低温度下水分子出来 (B)排除溶剂小分子

(C)排除水分 (D)同一温度下缩短烘焙时间

66. 下列属于影响工件白坯电容值的因素的有( )。

(A)铜的纯度 (B)空气 (C)潮气 (D)绝缘漆

67. 以下属于电机绕组的绝缘处理过程的有( )。

(A)干燥 (B)浸渍 (C)预烘 (D)试验

68. 决定电机浸渍的质量的因素包括( )。

(A)浸渍次数 (B)漆的黏度

(C)浸渍时工件的温度 (D)浸渍时间

69. 下列属于电机绕组常用浸渍方法的有( )。

(A)真空压力浸 (B)滴浸 (C)沉浸 (D)滚浸

70. 真空压力浸渍对电机( )的提升。

(A)防潮性能 (B)导热性能 (C)电气性能 (D)机械强度

71. 下列属于绝缘处理的所需设备的有( )。

(A)吊运设备 (B)浸渍罐 (C)烘箱 (D)专用平车

72. 产品浸漆后提高了绕组的( )的能力具有良好的电气和机械性能。

(A)抗电晕 (B)防潮 (C)导热 (D)抗腐蚀

73. 以下关于工装模具重要度描述正确的是(　　)。

(A)D类:特殊工装 (B)C类:一般工装
(C)B类:重要工装 (D)A类:关键工装

74. 以下关于工装涂色描述正确的是(　　)。

(A)C类:黄色 (B)B类:蓝色 (C)A类:红色 (D)C类:绿色

75. 发现工装模具状态不好时操作者应向(　　)人员反馈。

(A)调度员 (B)工装员 (C)设备员 (D)工艺员

76. 下列工装模具不合格的表现是(　　)。

(A)棱边毛刺 (B)表面磨损 (C)尺寸超差 (D)形状变形

77. 以下属于绝缘漆按固化方式分类的是(　　)。

(A)紫外光固化绝缘漆 (B)烘干型绝缘漆
(C)自干型绝缘漆 (D)阻燃漆

78. 绝缘漆按安全性分类,分为(　　)。

(A)无毒漆 (B)无苯漆 (C)阻燃漆 (D)滴浸漆

79. 绝缘浸渍漆使用中的注意事项有(　　)。

(A)避免粉尘等机械杂质混入
(B)低温储存
(C)避免任何有机溶剂和其他绝缘漆的污染
(D)无

80. 下列是现使用的绝缘漆的是(　　)。

(A)T1168 (B)H62C (C)JF9960 (D)EMS781

81. 数据测量误差按实际含义分为(　　)。

(A)引用误差 (B)相对误差 (C)绝对误差 (D)随机误差

82. 实施浸漆处理工艺的设备包括(　　)。

(A)浸漆设备 (B)烘焙设备 (C)吊运设备 (D)试验设备

83. 设备修理工作,按工作量大小分为(　　)。

(A)小修 (B)中修 (C)大修 (D)定保

84. 对设备操作人员的“三好”要求是(　　)。

(A)管理好设备 (B)使用好设备 (C)养修好设备 (D)擦拭好设备

85. 对设备操作人员的要求是(　　)。

(A)会检查 (B)会维护 (C)会使用 (D)会排除故障

86. 设备维护保养的要求是(　　)。

(A)润滑 (B)清洁 (C)整齐 (D)安全

87. 浸渍 H62C 树脂的产品根据产品种类,所采用的不同的进罐温度包括(　　)。

(A)70～80 ℃ (B)60～65 ℃ (C)35～40 ℃ (D)室温

88. 能够测量全压强的仪器是(　　)。

(A)电离计 (B)热偶计 (C)U形计 (D)薄膜真空计

89.(　　)属于前级泵。

(A)滑阀泵　　(B)液环泵　　(C)旋片泵　　(D)罗茨泵

90. 压力传感器按测试的类型不同可分为(　　)。

(A)绝压传感器　　(B)差压传感器　　(C)表压传感器　　(D)负压传感器

91. 真空泵常用的冷却方式包括(　　)。

(A)氢气冷　　(B)风冷　　(C)水冷　　(D)液氮冷

92. 以下属于浸漆罐一般采用的输漆的方式的是(　　)。

(A)上输漆　　(B)罐底输漆　　(C)罐口输漆　　(D)下输漆

93. 真空系统的组成部分包括(　　)。

(A)真空管路　　(B)真空阀门　　(C)真空机组　　(D)真空仪表

94. 制冷机使用的介质是(　　)。

(A)VM100　　(B)F22　　(C)氟利昂　　(D)GS77

95. 真空压力浸漆罐的罐口密封形式包括(　　)。

(A)插销式　　(B)动圈式　　(C)动盖式　　(D)互动式

96.(　　)属于液环真空泵。

(A)一级罗茨泵　　(B)水环式真空泵

(C)油环式真空泵　　(D)二级罗茨泵

97. 罗茨真空泵的润滑部位包括(　　)。

(A)轴承处　　(B)齿轮　　(C)轴封处　　(D)端盖

98. 下列属于旋转式真空泵的是(　　)。

(A)干式真空泵　　(B)液环真空泵　　(C)油封式真空泵　　(D)罗茨真空泵

99. 预烘的时间应考虑(　　)。

(A)烘箱的温度　　(B)烘箱内工件数量

(C)工件的大小　　(D)烘箱内空气流动的速度

100. 绕组烘干常采用(　　)。

(A)电流烘干法　　(B)灯泡烘干法　　(C)烘箱烘干法　　(D)太阳照射法

101. 烘箱常用的加热形式包括(　　)。

(A)蒸汽加热　　(B)电加热　　(C)燃气加热　　(D)太阳能加热

102. 设备电气线路图可以用(　　)表示。

(A)原理图　　(B)接线图　　(C)机械图　　(D)示意图

103. 测量绝缘漆黏度常用(　　)。

(A)毛细管黏度计　　(B)旋转黏度计　　(C)涂4杯黏度计　　(D)超声波黏度计

104. 绝缘浸渍漆黏度检测测试中的关键项点包括(　　)。

(A)漆的颜色　　(B)测量漆的温度

(C)精确控制漆的温度　　(D)漆的气味

105. 有溶剂绝缘漆使用过程中黏度不在工艺规定的范围内时,可加适当加入(　　)调整黏度。

(A)新绝缘漆　　(B)固化剂　　(C)稀释剂　　(D)稳定剂

106. 介质中的极化包括(　　)。

(A)电子位移极化　　(B)松弛极化　　(C)瞬间极化　　(D)热离子极化

107. 影响相对介电常数与介质损耗因数的因素包括(　　)。

(A)温度　　(B)频率　　(C)电压　　(D)湿度

108. 浸漆车间主要测量电机电性能的项目包括(　　)。

(A)极化指数　　(B)电容　　(C)介质损耗　　(D)吸收比

109. 绝缘材料的介电性能,主要包括(　　)。

(A)介电系数　　(B)电阻系数　　(C)介电损耗　　(D)击穿强度

110. 通过制作模卡判断浸漆的质量,测试(　　)来予以表征。

(A)胶含量　　(B)逐级耐压　　(C)介质损耗　　(D)固化率

111. 影响绝缘电阻系数的因素包括(　　)。

(A)杂质　　(B)潮湿　　(C)温度　　(D)电场强度

112. 测量绝缘电阻时,(　　)是影响准确性的因素。

(A)绝缘表面的脏污程度　　(B)湿度

(C)温度　　(D)测试时间

113. 正确检测电机匝间绝缘的方法包括(　　)。

(A)中频匝间试验　　(B)测量绝缘电阻

(C)工频对地耐压试验　　(D)匝间脉冲试验

114. 以下关于电压的高低的划分正确的是(　　)。

(A)安全电压　　(B)超高压以及特高压

(C)高压　　(D)低压

115. 以下属于应用于高压的基本绝缘安全用具有(　　)。

(A)绝缘棒　　(B)高压试电笔　　(C)绝缘夹钳　　(D)低压试电笔

116. 应用于低压所谓基本绝缘安全用具有(　　)。

(A)高压试电笔　　(B)装有绝缘柄的工具

(C)绝缘手套　　(D)低压试电笔

117. 下列影响电气强度的因素有(　　)。

(A)试样中存在气体杂质,试验电极的几何尺寸

(B)试样的厚度、均匀性和是否存在机械压力

(C)试验电压的频率、波形和电压施加时间

(D)环境温度、气压和湿度

118. 影响电流对人体伤害程度的主要因素包括(　　)。

(A)电压的高低　　(B)通电时间的长短

(C)电流的大小　　(D)人体状况

119. 安全色表达安全信息含义有(　　)。

(A)禁止　　(B)提示　　(C)指令　　(D)警告

120. 以下属于国家规定的安全色的有(　　)。

(A)黄　　(B)蓝　　(C)红　　(D)绿

121. 绝缘材料发生击穿的原因可能是(　　)。

(A)电击穿　　(B)冷击穿　　(C)放电击穿　　(D)热击穿

122. 普通外螺纹的精度等级分类包括(　　)。

(A)精密 (B)标准 (C)粗糙 (D)中等

123. 同一直径 d 的普通螺纹,按螺距 P 大小分为(　　)。

(A)粗牙 (B)外螺纹 (C)内螺纹 (D)细牙

124. 油漆组成包括(　　)。

(A)树脂/基料 (B)助剂

(C)分散介质(溶剂、水) (D)颜料

125. 以下属于颜料按功能作用分类的有(　　)。

(A)着色颜料 (B)防锈颜料 (C)体质颜料 (D)闪烁效果

126. 底漆作为油漆系统的第一层,其作用包括(　　)。

(A)提高面漆的附着力 (B)提供防腐功能

(C)提供抗碱性 (D)增加面漆的丰满度

127. 下列属于表面漆的有(　　)。

(A)1357-2 (B)9960 (C)1168 (D)193

128. 覆盖漆的涂覆方法有(　　)。

(A)喷涂 (B)刷涂 (C)浸涂 (D)手抹

129. 表面漆的关键技术指标包括(　　)。

(A)黏度 (B)附着性 (C)表面干燥性 (D)细度

130. 涂料的主要作用是(　　)。

(A)保护作用 (B)特殊作用 (C)标志作用 (D)装饰作用

131. 电机使用的覆盖漆的要求是(　　)。

(A)干燥快 (B)机械强度高 (C)漆膜坚硬 (D)附着力强

132. 以下属于涂料作用的有(　　)。

(A)保护作用 (B)装饰作用 (C)防腐作用 (D)隔离作用

133. 表面漆使用前应确认的要素包括(　　)。

(A)保质期 (B)出厂日期 (C)颜色 (D)牌号

134. 造成表面漆的雾化不好的原因可能是(　　)。

(A)枪嘴太大 (B)压力太低 (C)表面漆太稠 (D)空气量不够

135. 以下属于树脂漆膜物理性能的有(　　)。

(A)光泽 (B)附着力 (C)耐候性 (D)耐溶剂性

136. 以下属于燃烧所需要的条件有(　　)等。

(A)可燃烧的物质的存在 (B)阳光

(C)导致着火能源的存在 (D)助燃物质的存在

137. 以下属于“四不伤害”原则的有(　　)

(A)不伤害自己 (B)不让他人伤害他人

(C)不伤害他人 (D)不被他人伤害

138. 以下属于安全检查的对象的是(　　)。

(A)环境的不良因素 (B)物的不安全状态

(C)人的不安全行为 (D)设备缺陷

139. 以下属于事故应急预案的目的是(　　)。

(A)抑制突发事故的发生 (B)体系认证的需要
(C)控制事故的发生 (D)减少事故对员工和居民的环境危害

140.“事故四不放过”原则包括( )。
(A)事故原因未查清不放过 (B)责任人员未处理不放过
(C)改进措施不落实不放过 (D)有关人员未受教育不放过

141.“三级安全教育”包括( )。
(A)公司级 (B)师傅级 (C)班组级 (D)车间级

142. 从安全管理的机制来看,应掌握的技能包括( )。
(A)调查研究 (B)宣传教育 (C)组织协调 (D)运用管理手段

143. 以下有关质量是一组固有特性满足要求的程度中“固有特性”的陈述正确的是( )。
(A)固有特性是永久的特性
(B)固有特性与赋予特性是相对的
(C)固有特性是可区分的特性
(D)一个产品的固有特性不可能是另一个产品的赋予特性

144. 下列关于质量特性的陈述正确的是( )。
(A)质量特性是指产品、过程或体系与要求有关的固有特性
(B)质量特性是定量的
(C)由于顾客的需求是多种多样的,所以反映产品质量的特性也是多种多样的
(D)质量的适用性建立在质量特性基础上

145. 与( )的规定进行对比,质量检验的结果才能用于对产品质量进行判定。
(A)技术标准 (B)产品技术图样
(C)产品使用说明 (D)检验规程

146. 不合格品的处置方式有( )。
(A)降价 (B)纠正 (C)让步 (D)报废

147. 下列现象中属于偶然因素的是( )。
(A)仪表在合格范围内的测量误差
(B)熟练与非熟练工人的操作差异
(C)实验室室温在规定范围内的变化
(D)机床的轻微震动

148. 各类作业人员必须做到三懂,包括( )。
(A)懂逃生方法 (B)懂本岗位预防火灾的措施
(C)懂本岗位火灾的扑救方法 (D)懂本岗位生产过程中火灾的危害性

149. 以下内容属于各类作业人员必须做到“四会”的是( )。
(A)会报警 (B)会使用消防器材
(C)会扑救初期火灾 (D)会组织人员疏散逃生

150. 以下属于直流电动机的励磁方式的有( )。
(A)串励 (B)并励 (C)他励 (D)复励

151. 发电机常用的冷却介质有( )。
(A)水 (B)氢气 (C)空气 (D)油

152. 直流电机定子绕组绝缘结构主要包括(　　)。

(A)主极绝缘　　(B)补偿绕组绝缘以及绕组联线

(C)引出线绝缘　　(D)换向极绝缘

153. 无纬玻璃丝带绑扎相对于钢丝绑扎优点有(　　)。

(A)减少端部漏磁　　(B)增加绕组的爬电距离,提高绝缘强度

(C)工艺简单、工艺性好　　(D)延伸率和弹性模量比钢丝高

154. 电机嵌线时(　　)是引起电枢线圈匝间短路的主要原因。

(A)敲击过重　　(B)槽口绝缘破损

(C)铁芯毛刺大　　(D)线圈在铁芯槽内位置不符

155. 电机的结构主要包括(　　)。

(A)定子　　(B)线圈　　(C)换向器　　(D)转子

四、判 断 题

1. 直流电是指电流的方向始终保持不变,即由负极流向正极。(　　)

2. 串联电路之中各处的电流相等,电压不等;并联电路当中各个并联点的电压不等,但并联支路的电流相等。(　　)

3. 电导表示导体导通电流能力的大小,电导越小,电阻越大,电导与电阻的关系是互为倒数。(　　)

4. 负载的功率等于负载两端的电压和通过负载的电流之和。(　　)

5. 电压相同的交流电和直流电,直流电对人的伤害小。(　　)

6. 表面电阻与绝缘体表面上放置的导体的长度成正比,与导体间绝缘体表面的距离成反比。(　　)

7. 绝缘体的体积电阻与导体间绝缘体的厚度成反比,与导体和绝缘体接触的面积成反比。(　　)

8. 绝缘电阻与绝缘材料的性能有关,与绝缘系统的形状和尺寸无关;而电阻率则完全决定于绝缘材料的性能。(　　)

9. 为了减少线路损耗,应把输电线做得更细一些。(　　)

10. 220 V 指的是相电压,即相与相间的电压,如 A、B 相间的电压就是 220 V。(　　)

11. 非线性电阻的伏安关系特性曲线是一条直线。(　　)

12. 线性电阻的伏安关系特性曲线是一条直线。(　　)

13. 根据基尔霍夫电流定律,汇于节点的各支路电流的代数和等于零。(　　)

14. 基尔霍夫电压定律对于电路中某个封闭回路是适用的。(　　)

15. 电路中任意两点间的电压降等于从其假定的高电位端沿任一路径到其低电位端时,途中各元件的电压降之和。(　　)

16. 在列写基尔霍夫电压方程时,要选定一个绕行方向,即各元件电压降与绕行方向一致的取正,相反取负。(　　)

17. 在线性电路中,叠加原理能够适用于电压、电流和电功率的计算。(　　)

18. 叠加原理能够适用于非线性电路。(　　)

19. 通常的说的 1 kW·h 可以这样理解:额定功率为 10 kW 的电器在额定状态下工作 1 h,

所消耗的电能。(　　)

20. 电路中所有元件所吸收的电功率均为负值。(　　)

21. 电容和电感元件都是储能元件,电容储存的是电磁能,电感储存的是电场能。(　　)

22. 当穿过线圈的磁通发生变化时,在线圈中就会产生感应电动势,磁场变化的趋势不同,感应电动势的方向随之改变。(　　)

23. 线圈中的感应电动势方向与穿过线圈的磁通方向符合左手定则。(　　)

24. 右手定则是这样描述的:伸开左手手掌,让磁力线垂直穿过手心,使拇指与其他四指垂直,四指伸直指向电流方向,则拇指的指向是导体的受力方向。(　　)

25. 根据欧姆定律,电介质的电阻 $R=U \cdot I$,电导 $G=1/R$。(　　)

26. 线路上黑色代表工作零线,接地圆钢或扁钢涂淡蓝色,黄绿双色绝缘导线代表保护线。(　　)

27. 由三个频率相同,振幅相等,相位依次互差 90°的交流电势组成的电源,称为三相交流电源。(　　)

28. 三相交流电的幅值、频率相同,相位相差 90°。(　　)

29. 磁感应强度(磁力)线是无头无尾、连续的闭合曲线,每根磁感应强度(磁力)线可以与任何其他磁感应强度线相交。(　　)

30. 铁磁物质的被磁化能力与温度无关。(　　)

31. 如果载流导体与磁场方向垂直,导体受电磁力为零。(　　)

32. 要使载流导体在磁场中受力方向发生变化可采取磁感应强度的方向不能采取改变电流方向方法。(　　)

33. 只有少数复杂的零件都可以看作由若干个基本几何体组成。(　　)

34. 设计图样上所采用的基准称为工艺基准。(　　)

35. 形位公差的基准要素是指用来确定被测要素方向,不能确定位置的要素。(　　)

36. 零件加工表面粗糙度要求越低,生产成本就越低。(　　)

37. 制造零件的公差越大越好。(　　)

38. 绘图时,图纸上的比例为 2 : 1,是指图形大小为实物大小的 0.5 倍。(　　)

39. 公差等于 0 与最小极限尺寸的代数差。(　　)

40. 将零件向不平行任何基本投影面所得的视图称为侧视图。(　　)

41. 形状公差符号"○"表示垂直度。(　　)

42. 用剖切平面局部地剖开机件所得的剖视图称为局部剖视。(　　)

43. 标注尺寸时禁止出现封闭的尺寸链。(　　)

44. 圆柱齿轮传动用于两轴垂直。(　　)

45. 位置公差符号"//"表示圆柱度。(　　)

46. 链传动具有过载时会产生打滑现象的特点。(　　)

47. Word 文档的扩展名是".xls"。(　　)

48. 在 Word 的编辑状态中,"粘贴"操作的组合键是"Ctrl+C"。(　　)

49. 和广域网相比,局域网有效性好,可靠性也低。(　　)

50. 绝缘老化的方式主要有环境老化、热老化和空气老化三种。(　　)

51. 绝缘材料在使用过程中出现剥层、表面打折的现象会导致绝缘性能提高。(　　)

52. 绝缘材料是绝对导电的材料。( )

53. 绝缘材料超过储存期应继续使用。( )

54. 电机浸渍的质量决定于浸渍工件的温度、漆的黏度、浸渍次数和时间,黏度越小越好。( )

55. 生产前根据工艺文件准备好工具、工装和材料。( )

56. 直流定子浸漆前检查项点包括线圈是否损伤、变形,机座螺孔是否完好。( )

57. 工件进罐前,不需要清除掉工件表面的各种杂质。( )

58. 工装装配前不必要检查工装状态是否满足使用要求,是否存在安全隐患。( )

59. 储漆罐添加新漆后,浸漆设备必须小循环 1～2 小时。( )

60. 有溶剂漆黏度偏高,可通过添加新漆和稀释剂来调整,添加量不需进行计算。( )

61. 浸渍漆分为有溶剂漆、无溶剂漆和面漆。( )

62. 绝缘漆不属于化学物品,侵入途径包括吸入、食入、经皮肤吸收。( )

63. 绝缘漆与皮肤接触急救措施是脱去污染的衣物,用酒精和清水冲洗皮肤。( )

64. 绝缘漆与眼睛接触急救措施是提起眼睑,用大量酒精冲洗,如仍感刺激应及时就医。( )

65. 吸入稀释剂后急救措施是迅速离开现场到空气清新处,如呼吸困难等给输氧。( )

66. 误食入稀释剂后急救措施是立即漱口饮水,就医、洗胃。( )

67. 当漆液接触人体皮肤和眼睛时,用大量清水冲洗,严重时去医院救治。( )

68. 工件预烘后可以直接进罐。( )

69. 定子传感器线线头可以浸入漆液位以下。( )

70. 操作浸漆设备前不用检查设备或工作场地,直接操作设备。( )

71. 定子铁芯线圈装配吊运时一般使用Ⅱ型吊具。( )

72. 装拆工装时天车操作人员必须服从地面指挥人员指挥,保证人身安全及工件安全,确保安全生产。( )

73. 使用绳索吊具时选择合适吨位的吊具,不需要检查吊具是否完好。( )

74. 工件与工装装配时一人操作,扶好工件,指挥天车缓慢下落。( )

75. 工件翻身时需使用翻身机,翻身时无注意事项。( )

76. 工件必须在橡皮软垫上翻身或在规定的翻身装置上翻身。( )

77. 浸渍漆的黏度越大,渗透性就越好,工件的浸漆质量就越好。( )

78. 普通浸渍时要求工件温度越低越好。( )

79. 采用真空压力浸渍的电机绝缘整体性好,电气、机械性能与导热性不好。( )

80. 浸漆过程不属于特殊过程。( )

81. 一般说来,绝缘漆的选择应该与浸渍方法的选择结合起来。( )

82. 牵引电机浸渍漆的漆膜越厚,产品的性能越好。( )

83. 普通浸漆时,要求绝缘漆的黏度越小越好。( )

84. 输漆时绝缘漆温度过低,漆的黏度大,流动性和渗透性差,影响浸漆效果。( )

85. 牵引电机在浸完漆后滴漆时间越短越好。( )

86. EMS781 浸渍树脂的产品进罐温度一般是 75～85 ℃。( )

87. H62 浸渍树脂的产品进罐温度一般是 45～50 ℃。(　　)

88. 储漆罐的绝缘漆制冷方式有直接制冷和空气制冷两种。(　　)

89. T1168 绝缘漆输漆时漆温控制在 35～40 ℃。(　　)

90. JF9960 浸渍树脂输漆时温度控制在 45～60 ℃。(　　)

91. 储漆罐液位计"0"位是随机位置。(　　)

92. 绝缘漆在输漆过程中可以通过热交换器来加热。(　　)

93. 真空压力浸漆时,压力的作用是排除绝缘中的空气。(　　)

94. 真空压力浸漆过程中,加压时高压风需经过干燥处理。(　　)

95. 在浸漆的压力浸漆过程中发现浸渍漆液位降低至需浸渍的部位露出浸渍液面,可继续浸渍无需处置。(　　)

96. VPI 设备运行时非运行操作人员可以操作任何按键和开关,运行操作人员必须按工艺要求输入各种参数并做好各种记录,确保工件的 VPI 质量和可追溯性。(　　)

97. 设备操作者在工件浸漆时要认真监控设备参数,不用保存浸漆历史曲线,并填写 VPI 工艺记录。(　　)

98. 每罐次浸漆结束后,不用将工件号、操作者等信息录入浸漆曲线。(　　)

99. 通用工艺参数录入浸漆程序后禁止随便更改。(　　)

100. 真空压力浸漆设备中真空系统是浸漆罐盖开、关、松、紧的动力。(　　)

101. 浸漆罐分为立式、卧式、斜式三种。(　　)

102. 真空机组由初级泵、罗茨泵、压力泵组成。(　　)

103. 油环泵的工作介质为水。(　　)

104. 经浸渍漆浸渍过后的电机烘焙温度越低越好。(　　)

105. 对 F 级所用绝缘漆的烘焙温度一般为 180 ℃。(　　)

106. 工件在预烘焙过程中,烘焙温度是可随便调整的。(　　)

107. 电机在烘焙过程中,温度越低绝缘电阻就越大。(　　)

108. 工件进烘箱烘焙前,没必要检查烘焙支架是否水平,烘焙支架滚轮是否转动灵活。(　　)

109. 工件的烘焙方式分为静止烘焙、煤气加热烘焙和旋转烘焙。(　　)

110. 旋转烘焙的作用是增加绝缘漆的流失。(　　)

111. 直流转子经浸渍漆浸渍后烘焙时间越长对产品的性能越好。(　　)

112. 工件烘白坯时可以用塑料做垫块。(　　)

113. 对浸渍不同绝缘漆的电机,烘焙温度完全不同。(　　)

114. 用兆欧表测量绝缘电阻前电气设备不一定要切断电源。(　　)

115. 用万用表的欧姆档能判断绕组是否存在匝间短路。(　　)

116. 当三相绕组的相间绝缘电阻低于 5 MΩ 时,电机的相间绝缘一定损坏了。(　　)

117. 绕组绝缘电阻的大小能反映电机在冷态的绝缘质量,不能反映热态时的绝缘质量。(　　)

118. 测量三相异步电动机绕组对地绝缘电阻就是测量绕组对铁芯的绝缘电阻。(　　)

119. 电阻的大小还和温度、湿度等因素有关,一般来说对于同一电阻温度越高时电阻值越小,湿度越大时阻值越大。(　　)

120. 测量绝缘电阻通常使用微欧计。(　　)

121. 定子进行浸水试验的目的是检查绕组绝缘的耐压性能。(　　)

122. 需浸水的工件,水位能超过整个线圈的 1/3 即可。(　　)

123. 电机绕组嵌线后没必要进行对地耐压和匝间耐压检查。(　　)

124. 用万用表的欧姆档能判断绕组是否存在接地现象。(　　)

125. 直流电机的匝间耐压试验就是绝缘电阻测试。(　　)

126. 电机进行耐压试验是指测试部件与电机其他部分的耐压,试验完成后,对地放电。(　　)

127. 定子浸漆工装和旋烘工装的止口配合面必须清理干净,允许有漆瘤存在。(　　)

128. 为保证电机外观质量,只需将定子内表面擦拭干净。(　　)

129. 转子出罐后,不需要将转轴表面擦洗干净。(　　)

130. 主发转子浸漆后平衡槽内残余绝缘漆必须清理干净。(　　)

131. 上岗前需穿戴好工作服、工作裤、劳保鞋,打磨和喷漆时不需要进行防护。(　　)

132. 工件在运输过程线圈发生磕碰伤,直接报废产品。(　　)

133. 铁芯表面的漆膜在清理时必须打磨干净。(　　)

134. 铁芯线圈类定子内腔漆瘤完全没必要清理。(　　)

135. 顺时针方向旋进的螺纹称为右旋螺纹。(　　)

136. 凡牙型、直径和螺距均符合国家标准的称为标准螺纹。(　　)

137. 浸漆烘焙后所有的螺孔都不用过丝。(　　)

138. M24×2 表示直径为 24 mm,螺距为 2 mm 的管螺纹。(　　)

139. 攻丝时必须用手拧入相应位置的螺孔中 10 mm 以上,然后用十字绞手或风枪进行再攻丝。(　)

140. 所有大于 M6 的螺孔都可以用风动扳手攻丝。(　　)

141. 空气喷涂表面漆时,压缩空气任何压力都可以喷涂。(　　)

142. 空气喷涂表面漆时,可以直接使用压缩空气。(　　)

143. 表面漆使用前不需要搅拌。(　　)

144. 表面漆喷涂前不需要测量黏度。(　　)

145. 双组分表面漆领取之后全部混合均匀,无使用期限。(　　)

146. 表面漆使用前必须摇晃均匀,以防漆液长期放置发生凝固现象。(　　)

147. 修理机械、电气设备或进入其工作前,直接合闸。(　　)

148. 遇有电气设备着火时,不用切断设备的电源,直接进行灭火 。(　　)

149. 在各种不同环境条件下,人体接触到有一定电压的带电体后,其各部分组织(如皮肤、心、脏、呼吸器官和神经系统等)不发生任何损害时,该电压称安全电压。(　　)

150. 在有毒物地带作业时,操作者可以不用防护直接作业。(　　)

151. 标准作业和作业标准是一件事情的不同表述,二者没有什么区别。(　　)

152. 各生产单位应建立本单位班组管理机制、评比办法,开展班组建设活动,及时改进和消除班组管理过程出现的问题。(　　)

153. 员工应有技能培训计划最终达到"四四四"原则(一人四序,一序四人,四人具备全线通),可实现弹性作业。(　　)

154. 作业等待是效率。(　　)

155. 标准作业是以人的动作为中心、按没有浪费的操作顺序进行生产的方法，是管理生产现场的依据，也是改善生产现场的基础。(　　)

156. 作业节拍是由市场销售情况决定的，与生产线的实际加工时间、设备能力、作业人数等无关。(　　)

157. 生产过程中的人员、设备、能源供给、物料供给、产品质量等要素与标准发生偏离，都应识别为过程异常。(　　)

158. 温度的升高能使铜、铝的电阻率降低。(　　)

159. 电机的轴、端盖等具有互换性，电机整机也具有互换性。(　　)

160. 一般型电机中，轴承盖与轴的配合为过盈配合；端盖与机座止口的配合为过渡配合；转子铁芯与轴的配合为间隙配合。(　　)

161. 直流电机电枢反应不仅使主磁场发生畸变，而且还产生去磁作用。电枢电流越大，则畸变越强烈，去磁作用越小。(　　)

162. 直流电机电枢对地短路，一种是电枢绕组对地短路，另一种是换向器对电枢绕组短路。(　　)

163. 直流电机电枢绕组的引线头在换向器上的位置不正确时，不会造成嵌线困难，只会造成换向不良、速率超差。(　　)

164. 笼形异步电动机在运行时，转子导体有电动势及电流存在，因此转子导体与转子铁芯之间需要绝缘。(　　)

165. 直流牵引电动机定子装配过程中，通过对换向极的等分度和外径的检测减少对电机的换向情况的影响。(　　)

166. 定子匝间试验过程中造成绝缘击穿的原因是匝间电压过高或匝间绝缘损坏。(　　)

167. 在直流电动机中，励磁绕组是用来产生辅助磁场的。(　　)

168. 在电动机切断电源后，采取一定的措施，使电动机迅速停车，称为制动。(　　)

169. 交流电机定子绕组的短路主要是匝间短路和相间短路。(　　)

170. 换向元件中的电枢感应电势是由电枢磁场产生的。(　　)

五、简 答 题

1. 浸漆处理中绝缘漆填充方式是什么？
2. 浸漆处理表面漆膜起到什么作用？
3. 电机绕组进行浸漆处理有什么作用？
4. 牵引电机在浸漆处理后绝缘黏结成整体，机械强度是否提高了？为什么？
5. 什么是绝缘材料老化？
6. 用电设备中所用的绝缘材料和绝缘结构，其基本作用是什么？
7. 根据 GB/T 11021—2006，绝缘材料耐热性分级可分为哪几级？
8. 电气线路中的短路指的是什么？
9. 脱模剂有什么作用？
10. 什么因素会造成绝缘电击穿？

11. 名词解释:介电常数。
12. 哪两种情况在绝缘处理过程中易于产生爆炸事故?
13. 怎样预防有机溶剂的毒性对人的影响?
14. 什么是稀释剂?
15. 滴浸是什么?
16. 为什么输漆时要对浸渍漆进行加热?
17. 什么是沉浸?
18. 真空压力浸漆时,真空有什么作用?
19. 真空压力浸漆时,压力的目的是什么?
20. 真空压力浸漆设备中,冷凝器的作用是什么?
21. 真空压力浸漆设备中,罐壁加热系统的目的是什么?
22. 真空压力浸漆时加压可不可以直接使用高压风?为什么?
23. 回漆时是否要对浸渍漆进行冷却?为什么?
24. 浸渍次数的选取标准取决于什么?
25. VPI 设备由哪些系统组成?
26. 普通浸渍的工艺过程有哪些关键步骤?
27. 真空压力浸漆包括哪些工艺过程?
28. 浸漆前浸漆罐进行罐体加热的目的是什么?
29."真空压力浸渍"的英文缩写及全拼是什么?
30. 压力与真空度的关系是什么?
31. 真空计按测量原理分哪几种?分别是什么原理?
32. 哪些是间接测量真空计?
33. 麦克劳真空计按测量原理是什么真空计,具体是什么真空计?
34. 皮拉尼真空计按测量原理是什么真空计,具体是什么真空计?
35. 现车间使用的初级泵及罗茨泵有哪些,所用润滑油分别是什么?
36. 名词解释:真空。
37. 真空泵的作用是什么?
38. 真空泵停机时打开进口端气镇阀的目的是什么?
39. 真空泵是什么?
40. 机械式真空泵是什么?
41. 罗茨真空泵是什么类型的真空泵?
42. 什么影响罗茨泵的极限真空?
43. 旋转式真空泵的工作原理是什么?
44. 什么是往复式真空泵?
45. 真空泵的抽气速率是什么?
46. 什么是真空泵的极限压力(极限真空)?
47. ZJ300 代表什么?
48. 名词解释:真空计。
49. 绝缘电阻是什么?

50. 电机绕组绝缘检测的主要设备和仪器有哪些?

51. 用电桥测量电机或变压器绕组的电阻时应怎样操作? 为什么?

52. 绝缘电阻测量的意义是什么?

53. 名词解释:绝缘吸收比。

54. 什么是极化指数?

55. 判断兆欧表的状态是否正常分哪几步?

56. 如何判断绝缘手套状态是否良好?

57. 涂4黏度杯的检测时间和黏度的关系是什么?

58. 凝胶时间低于指标值下限时,会造成什么后果? 如何处理?

59. 名词解释:局部放电起始电压和熄灭电压。

60. 常用的旋转烘焙烘箱旋转装置有哪几种?

61. 电机浸漆的干燥时间与什么有关? 如何制定烘焙时间?

62. 浸漆能够提高绝缘的耐热性和稳定性的原理是什么?

63. 无溶剂漆在烘焙时可不可以采用高温直接烘焙? 为什么?

64. 名词解释:黏度。

65. 利用万用表进行电压测量应注意哪些事项?

66. 有哪些措施可以减少绝缘漆的流失?

67. 覆盖漆的原理是什么?

68. 浸漆处理场地包括哪些安全措施?

69. 浸漆处理包括哪些劳保和环保要求?

70. 钢丝绳报废并停止使用的标准是什么?

六、综 合 题

1. 浸漆过程中,工件温度为什么不宜过高?

2. 绝缘漆黏度偏低会对电机造成什么影响?

3. 浸漆后电机绕组绝缘的导热性能为什么改善了?

4. 浸漆过程中进行电容检测有什么目的?

5. 简述无溶剂漆的特点。

6. 浸渍漆的基本要求有什么?

7. 简述真空压力浸漆设备的浸漆罐和加压装置的组成和作用。

8. VPI设备的工作原理是什么?

9. 普通浸漆没有浸透有哪些原因?

10. 牵引电机转子在浸漆处理过程中要首先进行预烘的目的是什么?

11. 浸漆设备中的冷凝器的作用是什么? 最重要特性是什么? 为什么要选择好的冷凝器?

12. 简述绝缘材料分哪几大类。

13. 简述VPI设备由哪些部件组成。

14. 用于牵引电机的绝缘材料,有什么要求?

15. 测试绝缘漆和铜的反应的目的及意义是什么?

16. 简述测试绝缘漆在密闭或敞口容器中的稳定性的意义。
17. 绝缘漆酸值测试目的及意义是什么?
18. 真空压力浸漆过程中,在抽真空、输漆和加压阶段设备发生故障,应分别如何处理?
19. 对于绝缘漆厚层固化能力测试项目有哪些,其目的是什么?
20. 浸渍漆的黏度测试意义是什么?
21. 浸渍漆的凝胶时间测试有什么意义?
22. 无溶剂浸渍漆采用真空压力浸漆有什么作用?
23. 有溶剂浸渍漆的黏度大小与浸渍质量是否有关系? 什么关系?
24. 浸渍漆在使用中有什么注意事项?
25. 怎么使用涂 4 黏度杯测量漆的黏度?
26. 简述电机在预烘过程中绝缘电阻。
27. 怎么用兆欧表测量绕组对地的绝缘电阻?
28. 简述"班后六不走"。
29. 对起重工作的一般安全要求有哪些?
30. 起重机司机操作中要做到"十不吊"的内容是什么?
31. 在哪六种情况下,起重机司机应发出警告信号?
32. 论述起重机工作完毕后,司机应遵守的规则有哪些。
33. 说明喷涂表面漆后漆膜脱落的主要原因及解决办法。
34. 说明喷涂表面漆产生流挂的原因及预防措施。
35. 在车间里要杜绝燃烧和爆炸的可能性,哪些措施可以避免产生火花?

绝缘处理浸渍工(中级工)答案

一、填 空 题

1. 直流电　2. 时间　3. 380 V　4. 地
5. 10 mA　6. 串联　7. 测量线路　8. 相位关系
9. 热效应　10. 端电压　11. 瓦特或 W　12. 电动势
13. 电流　14. 内阻　15. 内阻　16. 一
17. 二　18. 负值　19. 电流　20. 有功
21. 电流　22. 电动势　23. 磁场　24. 红色
25. 短接　26. 电流　27. 平齐　28. 旋转
29. 平行　30. 剖面图　31. 比例　32. 相切
33. 剖切面　34. 轮廓线　35. 部件　36. 通过
37. 精度标准　38. 互换性　39. 基本尺寸　40. 孔基本尺寸
41. 间隙　42. 剖视图　43. 峰谷　44. 高度
45. 两个　46. 国际　47. 压强　48. 含碳量
49. 断裂　50. 阿基米德　51. 潮湿　52. 结构
53. 破坏　54. 化学　55. 绝缘　56. 性能
57. 导电　58. 电压　59. 相对介电常数　60. 酸酐
61. 击穿　62. 越高　63. 不同　64. 线圈
65. 吸潮　66. 甲基苯乙烯　67. 热固性　68. 黏度
69. 不同　70. 耐碱　71. 天然　72. 绝缘
73. 胺　74. H　75. 漆膜　76. 漆膜
77. 绝缘漆　78. 绕组　79. 天然树脂　80. 有溶剂漆
81. 活性稀释剂　82. 低温　83. 图纸　84. 安全帽
85. 工艺文件　86. 工艺卡片　87. 知识　88. 操作
89. 涂 4　90. 类型　91. 凝胶时间　92. 绝缘性能
93. 防火　94. 可靠　95. 计量　96. 附加误差
97. 清洁　98. 液压缸　99. 自锁功能　100. 无溶剂绝缘漆
101. 滚浸　102. 表面　103. 大　104. 压力
105. 表面　106. 降低　107. 直接　108. 空气
109. 分压强　110. 总压强　111. 泵输漆　112. 液位计
113. 渗透能力　114. 压缩　115. 时间　116. 标识
117. 立式　118. 罗茨泵　119. 常压式　120. 动圈式
121. 粗　122. 气动式　123. 不可以　124. 乙二醇水溶液

125. 绝缘漆　126. 绝缘电阻　127. 自然通风　128. 两个
129. 固体物质　130. 溶剂　131. 流动性　132. 净化
133. 吸附　134. 时间　135. 测量　136. 型号
137. 浸漆　138. 反接法　139. 大小　140. 稳定
141. 绝缘电阻　142. 绝缘电阻　143. 铁芯　144. 白布
145. 底漆　146. 氧化剂　147. 通风设备　148. 易燃液体
149. 着火点　150. 普通酸碱泡沫灭火器　151. 防护措施
152. 眼　153. 浓度　154. 呼吸道　155. 转子铜耗
156. 定子铁耗　157. 钢丝绑扎　158. 散绕绕组　159. 绕组接地
160. 感应电势　161. 两相　162. 串励　163. 铝
164. 互感　165. 鼠笼式

二、单项选择题

1. A　2. B　3. D　4. A　5. A　6. A　7. A　8. D　9. B
10. B　11. C　12. C　13. C　14. A　15. B　16. A　17. D　18. C
19. C　20. B　21. D　22. B　23. A　24. C　25. D　26. A　27. D
28. C　29. A　30. B　31. A　32. A　33. A　34. B　35. C　36. B
37. B　38. B　39. B　40. A　41. A　42. B　43. D　44. D　45. B
46. B　47. B　48. A　49. A　50. B　51. C　52. B　53. B　54. B
55. A　56. D　57. A　58. A　59. B　60. D　61. A　62. B　63. B
64. A　65. A　66. A　67. C　68. B　69. C　70. A　71. A　72. A
73. C　74. A　75. C　76. A　77. B　78. D　79. C　80. B　81. A
82. A　83. A　84. C　85. C　86. A　87. A　88. C　89. D　90. B
91. B　92. A　93. A　94. D　95. B　96. C　97. B　98. B　99. B
100. B　101. B　102. A　103. D　104. D　105. B　106. B　107. B　108. C
109. B　110. C　111. C　112. A　113. B　114. B　115. C　116. A　117. A
118. B　119. A　120. D　121. C　122. D　123. C　124. A　125. B　126. A
127. B　128. B　129. A　130. B　131. D　132. B　133. A　134. A　135. C
136. A　137. A　138. D　139. D　140. A　141. A　142. D　143. D　144. B
145. B　146. B　147. A　148. B　149. C　150. D　151. C　152. C　153. B
154. B　155. B　156. C　157. C　158. B　159. D　160. B　161. A　162. B
163. B　164. C　165. C

三、多项选择题

1. ACD　2. AC　3. ACD　4. BCD　5. BC　6. ABCD　7. ABCD
8. ABCD　9. ABCD　10. BCD　11. BC　12. BCD　13. ABD　14. ABCD
15. BCD　16. ABCD　17. ABCD　18. BCD　19. ABCD　20. BCD　21. BCD
22. ABD　23. BCD　24. ABCD　25. ABC　26. AC　27. ABCD　28. ABCD
29. BCD　30. ACD　31. ABCD　32. ABCD　33. ABCD　34. ABCD　35. ABD

36. BCD 37. BCD 38. ABC 39. ABCD 40. ABC 41. ABCD 42. ABCD
43. ABCD 44. ABCD 45. ABCD 46. ABCD 47. ABCD 48. ABC 49. ABCD
50. ABCD 51. AC 52. BC 53. ABD 54. ABCD 55. ABCD 56. ABCD
57. ABCD 58. CD 59. ACD 60. ABD 61. AD 62. ABCD 63. ABCD
64. ABC 65. ACD 66. BC 67. ABC 68. ABCD 69. ABCD 70. ABCD
71. ABCD 72. ABCD 73. BCD 74. ABC 75. BD 76. ACD 77. ABC
78. ABC 79. ABC 80. ABCD 81. ABC 82. ABC 83. ABC 84. ABC
85. ABCD 86. ABCD 87. AB 88. ABCD 89. ABC 90. ABC 91. BC
92. ABCD 93. ABCD 94. BC 95. BC 96. BC 97. ABC 98. ABCD
99. ABCD 100. ABC 101. ABC 102. AB 103. AB 104. BC 105. AC
106. ABCD 107. ABCD 108. ABCD 109. ABCD 110. ABCD 111. ABCD 112. ABCD
113. AD 114. ABCD 115. ABC 116. BCD 117. ABCD 118. ABCD 119. ABCD
120. ABCD 121. ABC 122. ACD 123. AD 124. ABCD 125. ABCD 126. ABCD
127. AD 128. ABC 129. ABCD 130. ABCD 131. ABCD 132. ABCD 133. ABCD
134. ABCD 135. ABCD 136. ABD 137. ABCD 138. ABC 139. AD 140. ABCD
141. ACD 142. ABCD 143. BC 144. ACD 145. ABD 146. CD 147. ACD
148. BCD 149. ABCD 150. ABCD 151. ABC 152. ABCD 153. ABC 154. ACD
155. AD

四、判断题

1. × 2. × 3. × 4. × 5. √ 6. × 7. × 8. × 9. ×
10. × 11. × 12. √ 13. √ 14. √ 15. √ 16. √ 17. × 18. ×
19. × 20. × 21. × 22. √ 23. × 24. √ 25. × 26. × 27. ×
28. × 29. × 30. × 31. × 32. × 33. × 34. × 35. × 36. ×
37. × 38. × 39. × 40. × 41. × 42. √ 43. √ 44. × 45. ×
46. × 47. × 48. × 49. × 50. × 51. × 52. × 53. × 54. ×
55. √ 56. √ 57. × 58. × 59. √ 60. × 61. × 62. × 63. ×
64. × 65. × 66. × 67. √ 68. × 69. × 70. × 71. × 72. √
73. √ 74. × 75. × 76. √ 77. × 78. × 79. × 80. × 81. √
82. × 83. × 84. √ 85. × 86. × 87. × 88. × 89. × 90. ×
91. × 92. √ 93. × 94. √ 95. × 96. × 97. × 98. × 99. √
100. × 101. × 102. × 103. × 104. × 105. × 106. × 107. × 108. ×
109. × 110. × 111. × 112. × 113. × 114. × 115. × 116. × 117. ×
118. √ 119. × 120. × 121. × 122. × 123. × 124. √ 125. × 126. √
127. × 128. × 129. × 130. × 131. × 132. × 133. × 134. × 135. √
136. √ 137. × 138. × 139. × 140. × 141. × 142. × 143. × 144. ×
145. × 146. × 147. × 148. × 149. √ 150. × 151. × 152. √ 153. ×
154. × 155. √ 156. √ 157. √ 158. × 159. × 160. × 161. × 162. ×
163. × 164. × 165. × 166. √ 167. × 168. √ 169. √ 170. √

五、简 答 题

1. 答:将绝缘中的水分、空气、溶剂等除去,用绝缘漆填充空隙并在表面形成结构致密的漆膜(5分)。

2. 答:由于绕组绝缘表面形成了结构致密的漆膜,可延缓绝缘材料的氧化作用和其他化学反应,从而提高了绝缘的耐热性和化学稳定性,降低了老化速度,延长了电机绝缘的使用寿命(5分)。

3. 答:提高绕组的耐潮性(1分);提高绕组的电气强度(1分);提高绕组的耐热性和导热性(1分);提高绕组的机械强度(1分);提高绕组的化学稳定性(1分)。

4. 答:浸漆处理的电机绕组绝缘粘接成整体,使牵引电机在机车运行振动、电磁力等的作用下避免了绝缘松动或移动,从而避免了电机绕组绝缘的磨损,大大加强了电机绕组绝缘的机械强度(5分)。

5. 答:在电机的使用过程中,由于各种因素的作用,使绝缘材料发生较缓慢的,而且是不可逆的变化,使材料的性能逐渐恶化(5分)。

6. 答:就是把不同电位的各个带电部件间以及同机壳、铁芯等不带电的部件隔开 ,以确保电流能按规定的路径流通(5分)。

7. 答:绝缘材料耐热性可分为10级,分别为70、90、105、120、130、155、180、200、220、250(5分)。

8. 答:短路是指电气线路中相线与相线,相线与零线或大地,在未通过负载或电阻很小的情况下相碰,造成电气回路中电流大量增加的现象(5分)。

9. 答:脱模剂是为防止成型的复合材料制品在模具上黏着,而在制品与模具之间施加一类隔离膜,以便制品很容易从模具中脱出,同时保证制品表面质量和模具完好无损(5分)。

10. 答:电压的高低,电压越高越容易击穿(1分);电压作用时间的长短,时间越长越容易击穿(1分);电压作用的次数,次数越多电击穿越容易发生(1分);绝缘体存在内部缺陷,绝缘体强度降低(1分);与绝缘的温度有关(1分)。

11. 答:又称为电容率,是描述电介质极化的宏观参数(5分)。

12. 答:一是受压容器及管道由于安装不妥,安全装置失灵等原因引起爆炸(2.5分);另一种是易燃和可燃性液体的蒸汽达到一定浓度,并且有空气和氧气以及激发能源的存在而引起爆炸(2.5分)。

13. 答:选择无毒或低毒溶剂或稀释剂(2分);加强排风通气(2分);加强个人防护和卫生保健工作(1分)。

14. 答:稀释剂是一种为了降低树脂黏度,改善其工艺性能而加入的与树脂混溶性良好的液体物质(5分)。

15. 答:将绕组加热并旋转,绝缘漆滴在绕组端部,漆在重力、毛细管和离心力作用下,均匀渗入绕组内部及槽中,这种浸渍方式叫滴浸(5分)。

16. 答:输漆时对浸渍漆进行加热是因为漆的黏度在初始阶段是随着温度的升高而降低,加热可以使漆黏度降低有利于漆渗透进需浸漆的工件绝缘内部,提高浸透率(5分)。

17. 答:沉浸是将工件沉入漆液内,利用漆液压力和绕组毛细管作用,在很好的预烘及保证足够的浸渍时间的情况下,使绝缘漆充分渗透和填充到绕组内部(5分)。

18. 答:真空的作用是排除绝缘层中的水分、空气及小分子物质,以利于漆的渗透和填充(5分)。

19. 答:压力的作用是提高漆的渗透能力,缩短浸渍时间(5分)。

20. 答:是将抽往真空泵的气体中的溶剂冷凝(5分)。

21. 答:作用是为绝缘漆加热,这主要是为了在一定范围内降低绝缘漆的黏度(5分)。

22. 答:真空压力浸漆时加压不可以直接使用高压风(2分),因为高压风中含水蒸气,如果直接加入浸漆罐会影响绝缘漆性能,所以必须先通过干燥器将高压空气干燥后使用(3分)。

23. 答:回漆时要对漆进行冷却(1分),为了绝缘漆回储罐后是处于储存状态,低温有利于浸渍漆的储存(4分)。

24. 答:浸渍次数决定于电机的使用环境及性能要求(2分),电机的绕组绝缘结构(1分)、绝缘漆的种类(1分)和浸渍方法(1分)等。

25. 答:一般由浸漆罐(0.5分)、储漆罐(0.5分)、热交换器(0.5分)、制冷机组(0.5分)、加热机组(0.5分)、抽真空系统(0.5分)、加压系统(0.5分)、排风系统(0.5分)、液压系统(0.5分)、控制检测系统(0.5分)等组成。

26. 答:预烘(0.5分);冷却(0.5分);进罐(0.5分);抽真空(0.5分);输漆(0.5分);浸泡(0.5分);回漆(0.5分);排风(0.5分);滴漆(0.5分);出罐(0.5分)。

27. 答:预烘,冷却(0.5分);入罐(0.5分);抽真空(0.5分);真空干燥(0.5分);输漆(0.5分);加压(0.5分);压力浸漆(0.5分);泄压(0.5分);回输(0.5分);滴漆,出罐(0.5分)。

28. 答:是为了与工件、浸漆介质的温度接近,以便于绝缘漆的渗透(5分)。

29. 答:英文缩写为 VPI(2分),全拼为 Vacuum(1分) Pressure(1分) Impregnation(1分)。

30. 答:压力高意味着真空度低(2.5分);反之,压力低与真空度高相对应(2.5分)。

31. 答:直接测量真空计(1分)和间接测量真空计(1分)两种。直接测量真空计是直接测量单位面积上的力(1.5分)。间接测量真空计是根据低压下与气体压力有关的物理量的变化来间接测量压力的变化(1.5分)。

32. 答:压缩式真空计(1分)、热传导真空计(1分)、热辐射真空计(1分)、电离真空计(1分)、放电管指示器(1分)等。

33. 答:测量原理是间接测量真空计(2.5分),具体是压缩式真空计(2.5分)。

34. 答:测量原理是间接测量真空计(2.5分),具体是热传导真空计(2.5分)。

35. 答:德国莱宝真空旋片泵(GS77)(1分)、德国普旭真空旋片泵(VM100)(1分)、德国普旭真空罗茨泵(VE101)(2分)、国产罗茨泵(KK-1)(1分)。

36. 答:真空是指在给定空间内的气体压力小于该地区一个标准大气压的气体状态(5分)。

37. 答:是用以产生、改善、维持真空的装置(5分)。

38. 答:为防止停泵时由于受大气压的作用而向真空管路反向进油(5分)。

39. 答:利用机械、物理、化学或物理化学的方法对被抽容器进行抽气而获得真空的器件或设备(5分)。

40. 答:凡是利用机械运动转动或滑动以获得真空的泵,称为机械式真空泵(5分)。

41. 答:是一种旋转式容积真空泵(5分)。

42. 答:泵本身结构和制造精度(2.5 分),前级泵的极限真空度(2.5 分)。

43. 答:利用泵腔内转子部件的旋转运动将气体吸入、压缩并排出(5 分)。

44. 答:利用泵腔内活塞往复运动,将气体吸入、压缩并排出,又称为活塞式真空泵(5 分)。

45. 答:即在一定的压力、温度下,真空泵在单位时间内从被抽容器中抽走的气体体积(5 分)。

46. 答:真空泵的入口端经过充分抽气后所能达到的最低的稳定的压力(5 分)。

47. 答: ZJ 表示罗茨真空泵(2.5 分),300 表示泵的抽速为 300 L/s(2.5 分)。

48. 答:用以探测低压空间稀薄气体压力所用的仪器称为真空计(5 分)。

49. 答:用绝缘材料隔开的两个导体之间,在规定条件下的电阻。测量绝缘材料的体积电阻率时,对于体积电阻率小于 10^{10} $\Omega \cdot m$ 的材料,通常采用一分钟的电化时间,其测量值才趋于稳定(5 分)。

50. 答:电机绕组绝缘检测的主要设备和仪器有:耐压机(1 分)、匝间脉冲仪(1 分)、阻抗检测仪(1 分)、数字兆欧表(1 分)、摇表(1 分)等。

51. 答:用电桥测量电机或变压器绕组的电阻时应先按下电源开关按钮(1 分),再按下检流计的按钮(1 分);测量完毕后先断开检流计的按钮(1 分),再断开电源按钮(1 分)。以防被测线圈的自感电动势造成检流计的损坏(1 分)。

52. 答:验证生产的电气设备的质量和性能(2 分);确保电气设备满足技术规范,符合安全性要求(1 分);确定电气设备性能随时间的变化(1 分);确定电气设备出现故障原因(1 分)。

53. 答:绕组绝缘施加电压 60 s 时的绝缘电阻值 R_{60} 与 15 s 时绝缘电阻 R_{15} 之比称为绝缘吸收比(5 分)。

54. 答:对绕组施加电压测量绝缘电阻,加压 10 min 时的绝缘电阻值 $R_{10\ min}$ 与加压 1 min 时的绝缘电阻值 $R_{1\ min}$ 之比(5 分)。

55. 答:使兆欧表输出端短路,摇至额定转速,表针应指向零(2.5 分);使兆欧表输出端开路,摇至额定转速,表针应指向无穷大(2.5 分)。

56. 答:将手套朝手指方向卷曲,当卷到一定程度时内部空气因体积减小、压力增大,手指鼓起而不漏气,即为良好(5 分)。

57. 答:用涂 4 黏度杯测黏度时,所测得的时间愈长,黏度愈大(2.5 分);时间愈短,黏度愈小(2.5 分)。

58. 答:漆将在罐内凝胶,造成设备的报废,引起很大的经济损失(2 分),要及时按一定量加新漆或稳定剂(3 分)。

59. 答:电压从远低于预期的局部放电起始电压加起,按规定速度升压至放电量达到某一规定值时,此时的电压即为局部放电起始电压(2.5 分)。其后电压再增加 10%,然后降压直到放电量等于上述规定值,其对应的电压即为局部放电熄灭电压(2.5 分)。

60. 答:常用的旋转烘焙烘箱旋转装置有支撑式(2.5 分)和辊杠式(2.5 分)两种。

61. 答:干燥时间与浸渍工件的结构尺寸、绝缘漆的固化要求及加热方式有关(2 分)。干燥时间一般是通过测量工件的绝缘电阻来确定的,主要以绝缘电阻达到连续三点稳定的时间为基准,适当增加一定比例的时间为烘焙时间(3 分)。

62. 答:由于绕组绝缘表面形成了结构致密的漆膜,使空气中氧和其他有害化学介质不易侵入绝缘内部(2 分)。延缓了绝缘材料的氧化作用和其他化学反应,从而提高了绝缘的耐热性和稳定性，降低了老化速度，延长了电机绝缘的使用寿命(3 分)。

63. 答：可以(1 分)。因无溶剂漆烘焙时只有少量的挥发物释出(1 分)，加快升温速度不会影响漆膜的质量(1 分)，甚至可以将烘箱预先升到高温后再把工件放入烘箱，使表面的漆先凝胶形成包封的漆膜，达到减少流失的目的(2 分)。

64. 答：黏度是液体分子间相互作用而产生阻碍其分子间相对运动能力的度量(5 分)。

65. 答：选好档位(包括电压种类及量限)(1.5 分)；进行调零(1.5 分)；接线柱应接触牢固，以防测量时线头接触不良(2 分)。

66. 答：从绝缘漆配方上做到凝胶温度低、凝胶速度快(1.5 分)；缩小绝缘层内部空隙的毛细管直径，利用毛细管吸附效应避免流失(1.5 分)；用旋转烘焙的工艺措施减少流失(2 分)。

67. 答：覆盖漆用于涂覆经浸渍处理过的绕组端部和绝缘零部件，在其表面形成连续而均匀的漆膜，作为绝缘保护层，以防止机械损伤和受大气、润滑油、化学药品等的侵蚀，提高表面放电电压(5 分)。

68. 答：房屋建筑应符合防火要求(1 分)；所有电气设备应选用防爆型(1 分)；室内应有专门的消防灭火器材(1 分)；烘箱等医保设备应有防爆装置(1 分)；油漆、溶剂等的贮藏室应按易爆品库设计(1 分)。

69. 答：室内应有换新鲜空气装置(1 分)；定期检测室内有害气体浓度(1 分)；所有绝缘漆的盛器应加盖(1 分)；排放到空气的有害气体应符合环保标准(1 分)；操作工人应定期检查身体健康状况(1 分)。

70. 答：钢丝绳外表面磨损到直径的 40%(1 分)；断股(1 分)；死角拧扭、部分受压变形(2 分)；在一个扭距内断丝数 12 根(1 分)。

六、综 合 题

1. 答：如果工件温度过高，工件一接触到绝缘漆将促使溶剂大量挥发还会造成绝缘漆聚合变质，缩短使用期，造成材料浪费(5 分)；另一方面较热工件表面将迅速结成漆膜，堵塞绝缘漆继续侵入的通道，造成浸不透的恶果(5 分)。

2. 答：如果使用低黏度的漆，虽然漆的渗透能力强，能很好地渗到绕组绝缘的空隙中，但是因为漆基含量少，当溶剂挥发后，留下的空隙较多，使绝缘的防潮能力、导热性能、电气和机械性能都受到影响(10 分)。

3. 答：在未浸渍处理前，电机绕组绝缘中存在着大量的空隙，充满着空气。由于空气的导热系数只有 0.025 W/(m·℃)，因此导热性能很差，影响电机绕组热量的散出，电机绕组温升将很高(5 分)。用绝缘漆浸渍处理以后绝缘漆挤跑了空气，填充了绕组的空隙。而绝缘漆的导热系数一般均在 0.2 W/(m·℃)左右，这就明显改善了电机绕组绝缘的导热性能(5 分)。

4. 答：电机浸渍绝缘漆的过程是让绝缘漆充满电机的所有微小空隙的过程，浸漆过程中电机电容值的监测正是反映绝缘漆的浸渍程度，在电机的浸渍过程中，电容值是不断上升的，当电容值上升到一定程度也就是浸渍漆在电机的绝缘结构中达到饱和状态时，电容值停止上升，说明电机浸渍状态达到顶峰(10 分)。

5. 答：无溶剂漆由合成树脂、固化剂和活性稀释剂等组成(5 分)。其特性是固化快，黏度随温度变化快，流动性和浸透性好，绝缘整体性好，固化过程挥发物少，但长期存放时，要求条件高(5 分)。

6. 答:黏度低,固体含量高,便于漆浸入和填充绝缘内部空隙(2 分);厚层固化快,干燥性好,黏结力强,有热弹性,固化后能经受电机的离心力(2 分);具有高的电气性、耐潮性、耐热性、耐油性和化学稳定性(3 分);对导体和其他材料的相容性好(3 分)。

7. 答:浸漆罐,有罐体、罐盖、止口配合、密封圈,是工件浸渍的地方(5 分);加压系统,处理后的干燥风,要使压力大于 0.6 MPa(5 分)。

8. 答:通过真空泵将浸漆罐抽真空至工艺要求并保持一定时间(2 分),利用压差法或输漆泵将储漆罐内的绝缘漆输入浸漆罐(2 分),当液位达到工艺要求后,保持真空浸漆一定时间(2 分),通过加压系统对浸漆罐内进行加压并保持一定时间(2 分),利用压差法或输漆泵将绝缘漆回到储漆罐(2 分)。

9. 答:绝缘漆的黏度太大,难以渗透到绕组内部(2 分);浸漆时工件的温度太高或太低(2 分);浸漆时漆的温度太低(2 分);浸漆时间短(2 分);浸漆时漆面高度不够,上层工件没有浸透(2 分)。

10. 答:将绕组绝缘中的水分和低分子挥发物预先除去(3 分);由于绝缘漆的黏度随温度的提高而降低,为了加快绝缘漆的渗透,工件具有一定的温度可缩短浸透时间(3 分);缩短工艺时间,部分电机常将包扎绝缘层间黏合剂的固化、无纬绑扎带及填充泥的固化放在预烘中进行(4 分)。

11. 答:冷凝器的作用是将抽往真空泵的气体中的溶剂冷凝(3 分)。冷凝器最重要的特性是冷凝量(3 分)。有一些冷凝器只适用于低速运动的气体,以致用强大真空泵时,由于空气排出非常迅速,往往会使露状的冷凝物一起抽入真空泵,会使泵的寿命缩短(4 分)。

12. 答:漆、可聚合树脂和胶类(2 分);树脂浸渍纤维制品类(2 分);层压制品、卷绕制品、真空压力浸胶制品和引拔制品类(1 分);模塑料类(1 分);云母制品类(1 分);薄膜、粘带和柔软复合材料类(1 分);纤维制品类(1 分);绝缘液体类(1 分)。

13. 答:基本组成为:浸漆罐(1 分);储漆罐(1 分);真空机组(2 分);加压系统(1 分);浸漆罐壁加热系统(1 分);储漆罐加热制冷系统(1 分);输回漆系统(1 分);热交换器加热制冷系统(1 分);控制柜(1 分)。

14. 答:良好的耐热性(1.5 分);高的机械强度(1.5 分);良好的介电性(1.5 分);良好的耐潮性(1.5 分);良好的工艺性(1.5 分);货源充足、价格合理、质量好,且绝缘的物理、化学、机械、介电性能稳定可靠(2.5 分)。

15. 答:由于绝缘漆由多种植物油,天然或合成树脂、溶剂及稀释剂,以及其他助剂等组成,这些原材料本身以及在制造过程中,难免产生或混入一些具有腐蚀性的杂质(5 分);另外,在漆的干燥、固化中也许产生某些分解物,而这些杂质或高温分解物将和铜起化学反应而对铜产生腐蚀,使铜表面变色,甚至产生铜绿(5 分)。

16. 答:绝缘漆存在一个储存期(1 分)。由于漆中组成成分的本身结构及添加其他助剂,在储存中会发生一系列的化学变化(2 分)。如不饱和聚酯无溶剂漆,含有不饱和聚酯树脂、活性稀释剂,另外还有固化引发剂,由于分子存在不饱和结构及其他活性基团以及促进反应进行的助剂,在常温下也会发生一系列的交联聚合反应(3 分)。最终结果,轻者使漆黏度变大、表面产生结皮,有沉淀物,重者产生胶化,影响产品的正常使用(4 分)。

17. 答:可以确定原材料的质量是否合格(3 分);可以判断某些树脂合成反应的终点(3 分);覆盖漆中,漆料中含有少量的游离能增加对颜料的湿润性,提高分散效果,并且与碱性颜料起轻微皂化反应而提高漆膜性能(4 分)。

18. 答:抽真空过程中,发现问题应立即停止作业,将工件吊出浸漆罐,待设备故障排除后,重新对工件进行预烘、浸漆(3 分);在输漆过程中设备故障无法输漆,立即停止作业,将工件吊出浸漆罐,待设备故障排除后,重新对工件进行预烘、浸漆(3 分);在加压阶段设备故障,不能加压或压力不够,延长浸漆时间,观察电容值的变化,待电容值达到正常水平后结束浸漆,转烘焙工序(4 分)。

19. 答:所需要的时间(1 分),固化后的情况(1 分),可以比较不同绝缘漆经干燥固化后漆膜的光滑程度与饱满状况(2 分),内部固化是否均匀有无气泡产生(1 分),是否固化完全彻底(1 分)等。厚层固化能力还可了解固化后的机械性能(2 分),如漆膜的硬或软,脆或富有韧性(2 分)。

20. 答:黏度是生产控制的重要指标,也是产品的重要指标之一(2 分)。在制漆过程中,黏度必须严格控制,如有些漆料稍一疏忽就会使黏度变大,甚至胶化,造成损失。黏度过低则造成使应加溶剂加不进去,成本上升,且带来很多质量问题,如漆膜粘接力差,光泽下降,耐候性也下降,对化学介质稳定性不好。所以黏度测定对于生产过程中的控制,保证最终产品质量起很重要的作用(4 分)。黏度对应用的影响,黏度大小可以说明漆的渗透性和流动特性的好坏。黏度过高,渗透性和流挂性变差,漆较难浸透整个需要浸渍绝缘的零部件。黏度过低,则浸渍后通过多次反复浸渍达到目的,费时耗能(4 分)。

21. 答:凝胶时间是无溶剂漆的一个重要工艺参数(2 分)。它表明树脂体系的反应活性,在很大程度上依赖于温度(2 分)。从缩短工艺时间来说,胶化速度以尽可能快一些好,这样可以减少浸渍漆已填充入线圈内层漆液的损失,提高挂漆量(2 分)。但有时伴随着凝胶过程有放热现象,并由于放热引起固化物起泡,开裂等问题(2 分),故在选择胶化温度确定胶化时间时,必须兼顾其他性能(2 分)。

22. 答:采用真空压力浸渍的无溶剂浸渍漆能大大提高电机的防潮、导热、耐热能力以及增强电气和机械强度(2 分)。这是因为真空压力浸渍能使绕组绝缘内部的空隙完全用无溶剂浸渍漆填满,绕组绝缘的整体性好,这就大大提高了绝缘的导热能力,从而降低了温升,延长了使用寿命(4 分)。同时由于绕组整体性好,也大大增强了抗振能力,机械强度显著提高。而良好的无气隙绝缘以及密封性,又大大提高了绝缘的防潮、防污染能力(4 分)。

23. 答:有关系(1 分)。在一定的温度下,黏度和它的溶剂(或稀释剂)的含量有关,溶剂越多,固体含量越少,漆的黏度就越低(3 分)。黏度越低,虽然渗透能力强,能很好地渗到绕组绝缘的空隙中去,但因为漆基含量少,当溶剂挥发后,留下的空隙较多,使绝缘的防潮能力、导热性能、电气和机械强度都受到影响(3 分)。如果漆黏度过高,则漆难以渗入到绕组绝缘内部,即发生浸不透的现象,同样会降低绝缘的防潮能力、导热性能及电气、机械强度(3 分)。

24. 答:避免任何有机溶剂和其他绝缘漆的污染。少量的有机溶剂和其他绝缘漆混入该漆,都会造成漆变质,表现为凝胶、沉淀、板结(4 分);避免粉尘等机械杂质混入,影响漆膜外观和绝缘性能(3 分);低温储存,防止漆的黏度增长过快和凝胶时间缩短(3 分)。

25. 答:将清洗干净的涂 4 黏度杯放在黏度杯架上(1 分),调整杯架的底脚至黏度杯处于水平位置(1 分),将涂 4 黏度杯下的漏嘴堵好(1 分),将被测液体顺着倒流棒倒至涂 4 黏度杯中(1 分),使液体稍微高出杯子的上平面后停止倒液体(1 分),用导流棒将多余被测液体刮至溢液槽(1 分),打开杯底的漏嘴使被测液体从漏嘴中顺利流出(1 分),同时按下秒表(1 分),观察液体流出的状态从流线型变成断线的一刹那再次按下秒表(1 分),这时秒表记录的时间就是被测液体在当时温度下的黏度(1 分)。

26. 答:电机在烘焙过程中,随着温度的逐渐升高,绕组绝缘内部的水分趋向表面,绝缘电阻逐渐下降,直至最低点(3 分);随着温度升高,水分逐渐挥发,绝缘电阻从最低点开始回升(3 分);最后随着时间的增加绝缘电阻达到稳定,说明绕组绝缘内部已经干燥(4 分)。

27. 答:首先选择合适的电压等级的兆欧表(3 分),然后将兆欧表的"L"端连接在电动机绕组的一相引线端上(2 分),"E"端接在电机的机壳上(2 分),以每分钟 120 转的速度摇动兆欧表的手柄(3 分)。

28. 答:不切断电源和应灭火种不走(2.5 分);环境不清扫整洁不走(1.5 分);设备不擦干净不走(1.5 分);工件不码放整齐不走(1.5 分);交接班和原始记录不填写好不走(1.5 分);工具不清点好不走(1.5 分)。

29. 答:指挥信号应明确,并符合规定(1.5 分);吊挂时,吊挂绳之间夹角应小于 120 ℃,以免吊挂受力过大(1.5 分);绳、链所经过棱角处应加垫(1.5 分);指挥物体翻转时,应使其重心平衡变化,不应产生指挥意图之外的动作(2.5 分);进入悬挂(吊)重物下方时,应先与司机联系并设置支承装置(1.5 分);多人绑挂时,应由一人指挥(1.5 分)。

30. 答:指挥信号不明确和违章指挥不起吊(1 分);超载不起吊(1 分);工件或吊物捆绑不牢不起吊(1 分);吊物上面有人不起吊(1 分);安全装置不齐全、不完好、动作不灵敏或有失效者不起吊(1 分);工件埋在地下或与地面建筑物、设备有钩挂时不起吊(1 分);光线隐暗视线不清不起吊(1 分);有棱角吊物无防护切割隔离保护措施不起吊(1 分);斜拉歪拽工件不起吊(1 分);浸出的工件上无接漆盘不起吊(1 分)。

31. 答:起重机在起动后即将开动前(1.5 分);靠近同跨其他起重机时(1.5 分);在起吊和下降吊钩时(1.5 分);吊物在运移过程中,接近地面工作人员时(1.5 分);起重机在吊运通道上方吊物运行时(2 分);起重机在吊运过程中设备发生故障时(2 分)。

32. 答:应将吊钩提升到较高位置,不准在下面悬吊而妨碍地面人员行动;吊钩上不准悬吊挂具或吊物等(2 分)。将小车停在远离起重机滑触线的一端,不准停于跨中部位;大车应开到固定停靠位置(2 分)。电磁吸盘或抓斗、料箱等取物位置,应降落至地面或停放平台上,不允许长期悬吊(1.5 分)。将各机构控制器手柄扳回零位,扳开紧急断路开关,拉下保护柜主刀开关手柄,将起重运转中情况和检查时发现的情况记录于交接班日记中,关好司机室门下车(1.5 分)。室外工作的起重机工作完毕后,应将大车上好夹轨钳并锚固牢靠(1.5 分)。与下一班司机做好交接工作(1.5 分)。

33. 答:主要原因:表面处理不干净(2 分);工件或底层特别光滑(2 分)。解决办法:认真作好表面处理,如除油、除锈(2 分);适当粗化被涂表面(2 分);严格按操作规程施工(2 分)。

34. 答:产生原因:油漆的黏度太低(1.5 分);喷漆枪的出漆嘴口径偏大,气压过大(1.5 分);距离物面太近(1.5 分);运枪速度过慢(1.5 分);施工环境温度低,湿度大,涂料干燥太慢(1 分)。预防措施:油漆黏度要适中(1.5 分);注意运枪速度(1.5 分)。

35. 答:设备所装电动机、厂房照明、电气开关和电气设备都采用防爆型的(2 分);严格规定禁火区,并应有严禁烟火等警告牌(2 分);不得在禁火区内动火,如烧焊等(2 分);防止工件摩擦与撞击(2 分);避雷及防止一切外来火花(2 分)。

绝缘处理浸渍工(高级工)习题

一、填空题

1. 日常生活中我们所能接触到的电可分为直流电和(　　)。
2. 交流电是电流的方向和大小随时间的变化而(　　)。
3. 我们常用的交流电有生活用的(　　)电源,生产用的 380 V 电源。
4. 220 V 是指相电压,即(　　)之间的电压,如 A 相对地电压为 220 V。
5. 通过人身的安全直流电流规定在(　　)以下。
6. 电路的结构有串联和(　　)之分,各有各的特点。
7. 电工仪表主要由(　　)和测量线路两部分组成。
8. 测量线路能把被测量转换为过渡量,并保持一定的(　　)及相位关系。
9. 变压器在运行中,绕组中电流的热效应所引起的损耗通常称为(　　)。
10. 所谓电源的外特性是指电源的端电压随(　　)的变化关系。
11. 无功功率的单位是(　　)。
12. 直导线在磁场中作切割磁力线运动所产生的感生电动势的方向用(　　)来判定。
13. 测量电压所用电压表的内阻要求尽量(　　)。
14. 测量电流所用电流表的内阻要求尽量(　　)。
15. 基尔霍夫第一定律,反映了电路中各节点(　　)之间的关系。
16. 基尔霍夫第二定律,反映了回路中各元件(　　)之间的关系。
17. 依据支路电流法解得的电流为负值时,说明电流参考方向与真实方向(　　)。
18. 纯电感正弦交流电路中,有功(　　)为零。
19. 楞次定律的主要内容是感应(　　)总是企图产生感应电流阻止回路中磁通的变化。
20. 电流周围的磁场用(　　)来判定。
21. 电器上涂成红色的电器外壳是表示工作中其外壳(　　)。
22. 在电路中发生断线,使电流不能流通的现象称为(　　)。
23. 主视图和(　　)在高度方向应平齐。
24. 用假想的(　　)将零件的某处切断,仅画出断面的图形称为剖面图。
25. 将机件的部分结构,用大于原图形所采用的比例画出的图形,称为(　　)。
26. 当两形体的表面相切时,在相切处(　　)画直线。
27. 用剖切面局部地剖开零件所得的剖视图称为(　　)剖视图。
28. 移出剖面图的轮廓线用(　　)线绘制。
29. (　　)图是表达机器或部件的图样。
30. 实现互换性的基本条件是对同一规格的零件按(　　)制造。
31. 公差带由基本尺寸和(　　)组成。

32. ϕ30H8 中的 8 是指(　　)代号。

33. $\phi 50^{+0.030}_{0}$的孔与 $\phi 50^{+0.021}_{+0.002}$轴配合属(　　)配合。

34. 用剖切面完全地剖开零件所得的剖视图称为(　　)图。

35. 评定表面粗糙度的基本参数是与(　　)有关的参数。

36. 由两个或两个以上的基本几何体构成的物体称为(　　)体。

37. 电磁力在国际单位制中的单位是(　　)。

38. 真空是用(　　)压强来表示的,单位是 Pa。

39. 45 钢按含碳量不同分类,属于(　　)。

40. 金属材料在外力作用下抵抗(　　)或断裂的能力称为强度。

41. 用(　　)测量绝缘材料的密度时,运用的是阿基米德原理。

42. 大多数绝缘材料在潮湿空气中都将不同程度的吸收潮气,引起(　　)性能降低。

43. 由同一种或几种绝缘材料通过一定的(　　)而组合在一起所形成的结构称为绝缘结构。

44. 电机中带电部件与机组、铁芯等不带电部件之间的(　　)发生破坏,叫做电机接地。

45. 固体绝缘材料的击穿大致分为(　　)、热击穿、放电击穿三种形式。

46. 绝缘材料的分子,在长期高温的作用下发生不可逆的(　　)。

47. 电机中电位不同的带电部件之间的绝缘发生(　　),就叫做短路。

48. 绝缘材料在(　　)情况下性能会逐渐劣化,也叫热老化。

49. 真空状态的介电常数 ε_0=(　　)F/m。

50. 相对介电常数和(　　)是电介质与绝缘体的两个主要特性。

51. 常用的电工材料可分为导电材料、(　　)材料和绝缘材料。

52. 绝缘强度是反映绝缘材料被(　　)时的电压,若高于这个电压或场强可能会使材料发生电击穿现象。

53. 现阶段,绝缘材料按(　　)可分为 9 等级。

54. 介电常数又称为(　　),是描述电介质极化的宏观参数。

55. 促使绝缘材料老化的主要原因,在高压设备中是(　　)。

56. 绝缘材料在外施电压的作用下被击穿时的(　　)称为绝缘强度。

57. 一般来说绝缘材料的(　　)越高价格越高。

58. 对同一介质外施(　　)电压,所得电流不同,则绝缘电阻不同。

59. 匝间绝缘是指同一线圈各个(　　)之间的绝缘。

60. 电机制造所用的原材料除一般的金属材料外,还有导磁、导电和(　　)。

61. 绕组绝缘中的微孔和薄层间隙容易吸潮,使绝缘(　　)下降。

62. 现在国际、国内评定绝缘材料耐放电性的方法主要是(　　)。

63. 绝缘油主要由矿物油和(　　)两大类组成。

64. 绝缘纸主要有植物纤维纸和(　　)两大类。

65. 甲基苯乙烯又称为(　　)。

66. 热固性树脂固化是(　　)的变化过程。

67.(　　)是一类使液体树脂黏度降低的液体物质。

68. 不同(　　)所用的稀释剂也大多不同。

69. 固化后的环氧树脂体系具有优良的耐碱、耐酸及(　　)等性能。

70. 橡胶分为天然橡胶和(　　)。

71. 电动机绕组上积有灰尘会降低绝缘性能和影响(　　)。

72. 环氧树脂常用固化剂有(　　)类和胺类。

73. 聚四氟乙烯材料由于不粘性,需要对表面进行(　　)后,才能用一般的胶粘剂粘接。

74. H 级的绝缘漆允许最高(　　)温度为 180 ℃。

75. 绝缘经浸渍,干燥固化后,就能将其细孔填满,并在表面形成光滑(　　)的漆膜,可防止潮气侵入。

76. 由于绕组绝缘表面形成了结构致密的漆膜,使空气中氧和其他有害化学介质不易侵入(　　)内部。

77. 电机绕组浸漆处理是指用绝缘漆填充绕组(　　)和覆盖表面。

78. 浸漆是指绝缘漆浸渍电机绕组或其他(　　)。

79. 目前来讲,绝缘漆按耐热程度分 10 个等级,H62C 绝缘漆的耐热等级为 200 级,耐热温度(　　)。

80. 绝缘漆主要是由(　　)或天然树脂等为漆基与某些辅助材料组成。

81. 现有(　　)一般分为有溶剂漆和无溶剂漆两大类。

82. 浸渍漆中含有的有机(　　)及活性稀释剂大多数有易燃、易爆、有毒的特点。

83. 所有漆类都需要低温储藏,使用过程中应注意防火、(　　)。

84. 生产前需熟悉图纸和工艺文件,了解设备(　　),准备好工具、工装和材料。

85. 上岗工作前需穿戴好工作服、工作裤、劳保鞋,打磨和(　　)时必须戴好防毒面具,吊运转序时必须佩戴好安全帽。

86. 工艺文件和(　　)是电机制造过程中必须遵守的法则。

87. 工艺规程包括工艺卡片、工艺守则和(　　)等。

88. 浸漆工应了解常用绝缘漆的相关知识,常用稀释剂的相关知识,以及(　　)方法。

89. 设备操作者应了解烘箱、浸漆设备的构造,熟练掌握设备(　　)。

90. 喷涂操作者应熟练掌握(　　)测量表面漆黏度的方法。

91. 设备操作者应识别设备报警信息的类型,排除(　　)。

92. 绝缘漆低温储存的目的是防止漆的(　　)增长过快和凝胶时间缩短。

93. 绝缘漆使用时应避免粉尘等机械杂质混入,否则将影响漆膜外观和(　　)。

94. 绝缘漆属于易燃物,应注意防火、(　　)。

95. H62C 绝缘漆主要成分是(　　),具有优异的耐热性能和介电性能。

96. JF9960 绝缘漆主要成分是环氧树脂、酸酐、(　　)等,其具有优异的耐热性能和介电性能。

97. EMS781 绝缘漆的主要成分为(　　),具有优异的耐热性能和介电性能。

98. 测量设备根据实际使用情况安排周期检定、校准或现场比对,周期不超过(　　)年。

99. 压力表必须定期检定,以保证仪表(　　)、准确、可靠。

100. 仪表要定期计量和校验其(　　),检查仪表的运行情况。

101. 仪表误差分为(　　)和附加误差两大类。

102. 工件在浸渍前必须保证表面(　　)。

103. 定子类产品浸漆前应使用(　　)检测机座螺孔。

104. 常用的翻身机驱动方式为(　　)。

105. 翻身机具有安全自锁功能和(　　)。当作业时发生断电、液压缸停止工作等电气、机械故障时,能够进行自锁保护,故障排除后可继续完成作业。

106. 对高压电机浸渍的绝缘漆一般采用(　　)。

107. 一般情况下,电机浸渍的方法有(　　)、滚浸和沉浸。

108. 普通浸渍时要求绝缘漆的(　　)要强,这样才能渗透到绕组内部。

109. 第一次浸渍主要是让绝缘漆渗透到(　　),第二次浸渍主要是在绕组表面形成致密的漆膜。

110. 当绝缘漆的黏度较大时,其(　　)能力差,影响浸漆质量。

111. 真空压力浸漆过程主要控制的参数是(　　)和压力。

112. 浸漆质量的优劣是决定绝缘系统(　　)的填充程度和表面漆膜质量的重要因素,也是决定电机耐环境因素能力的标志。

113. 浸渍是用(　　)填充纤维绝缘材料和其他制件空隙的生产过程。

114. 真空压力浸漆设备中,罐壁加热系统的作用是为绝缘漆(　　),这主要是为了降低绝缘漆的黏度。

115. 储漆罐的绝缘漆制冷有直接制冷和(　　)制冷两种方式。

116. 真空压力浸漆过程中抽真空的作用是排除(　　)中的水分和空气。

117. 低真空是以气体分子间相互碰撞为主;高真空以(　　)与器壁碰撞为主。

118. 真空测量分为分压强测量和(　　)测量。

119. 真空度常用容器中(　　)的总压强来表示。

120. 真空压力浸漆过程中输回漆一般采用泵输漆或(　　)输回漆。

121. 真空压力浸漆设备中,冷凝器的作用是将抽往真空泵的气体中的(　　)冷凝。

122. 输漆时浸漆罐的液位由(　　)控制。

123. 真空压力浸漆时压力的作用是提高绝缘漆的(　　)。

124. 定、转子浸漆后电枢与铁芯之间的电容值会发生变化,其原因是我们改变了它们之间的(　　)。

125. 在浸漆过程中应实时监测工件电容值,因为它能直接反映工件的(　　)。

126. 真空压力浸漆过程中加压介质通常采用(　　)。

127. 浸漆时加压的目的是为了缩短(　　),提高浸透能力。

128. 操作者应按规范填写(　　),做好产品标识。

129. 浸漆罐的形式分为立式和(　　)。

130. 常用的抽真空机组一般由前级泵和(　　)罗茨泵组成。

131. 储漆罐通常分为常压式和(　　)两种。

132. 真空压力浸漆罐的罐口按(　　)形式分为动盖式和动圈式。

133. 真空压力浸漆设备中的过滤器可分为粗过滤器和(　　)。

134. 输漆管路中阀门通常采用(　　)。

135. 浸漆罐在真空状态下(　　)打开罐盖。

136. 在 VPI 设备中热交换器的工作介质为(　　)。

137. 真空压力浸漆设备中储漆罐上应装有搅拌器，其作用主要是保证绝缘漆的(　　)及黏度均匀。

138. 旋转烘焙的作用是(　　)绝缘漆的流失。

139. 通过检测绝缘电阻和(　　)判断电机是否受潮。

140. 烘箱按照通风方式分为自然通风和(　　)两种。

141. 对有溶剂的绝缘漆烘焙温度一般可分(　　)阶段。

142. 对不同绝缘等级的电机，烘焙温度(　　)。

143. 对于浸渍(　　)的产品，工件进罐温度过高时，会促使溶剂大量挥发。

144. 绝缘漆温度过低时，漆的黏度大，流动性和(　　)差，影响浸漆效果。

145. 数字温度显示调节仪包括(　　)、盘装式和便携式的仪表。

146. 数字温度显示调节仪按工作原理分为不带微处理器和(　　)。

147. 热辐射是指能量从一切物体表面连续发射并以(　　)的形式表现出来。

148. 数字温度显示调节仪的控制模拟式的信号输出可分为两大类:断续调节和(　　)。

149. 温变的输入回路的作用是将(　　)转换为相应的直流毫伏信号。

150. 压力传感器的电源端和(　　)应有明确的区别标志。

151. (　　)是一种最有效的工业废气净化处理手段。

152. 利用活性炭(　　)的吸附特性，当有机气体通过与活性炭接触，废气中的有机污染物被吸附在活性炭表面从而从气流中脱离出来，达到净化效果。

153. (　　)是表示绝缘树脂、绝缘漆、涂料中溶剂挥发后留下的固体物质的百分含量。

154. 涂 4 黏度计是在一定温度下，从规定(　　)的孔流出的时间，以秒为单位。

155. 在浸漆前应测量并(　　)绝缘漆的黏度。

156. 送检漆样时应注明样品的(　　)、型号及送样时间，不准在容器内再倒入与标签不相符的材料。

157. 阿尔斯通电机制造技术中采用模卡对(　　)进行验证。

158. 介损仪主要是用来测量(　　)的仪器，接线方式有正接法和反接法。

159. 介质损耗值的大小及变化情况在一定程度上可以反映(　　)的优劣。

160. 使用手摇式兆欧表时，连线后按(　　)方向摇动手柄，使速度逐渐增至每分钟 120 转左右并稳定后再开始读数。

161. 兆欧表主要是用来测量(　　)的仪表。

162. 电机绕组在耐压试验前应测量(　　)。

163. 测量绝缘电阻时兆欧表的高压端接在绕组引线头上，(　　)接在铁芯或机座上。

164. 直流电机电枢线圈匝间短路，在和短路线圈相连接的换向片上测得的电压值(　　)。

165. 绝缘靴使用期限应以大底磨光为限，即当大底露出(　　)时就应报废。

166. 黏度是液体分子间相互作用而产生阻碍其分子间(　　)的度量。

167. 清理有镀层引线头上的漆膜时，只能用百洁布或白布轻轻擦拭，(　　)用砂纸打磨，以免破坏线头镀层。

168. 常用的覆盖漆按(　　)可分为底漆和表面漆。

169. 燃烧是可燃物质与氧化剂放出热和光的(　　)。

170. 为确保空气中有毒物质含量在国家规定的最高浓度以下,厂房内应有良好的通风设备,同时应(　　)或经常性的对作业地带空气中的有毒物质含量检测。

171. 某种物质在空气中与火源接触而起火,将火源移除仍能继续燃烧的(　　)称为着火点或燃点。

172. 有爆炸或火灾危险的场所,应选用(　　)熔断器。

173. 某种物质侵入人体后,与人体各部组织互相发生(　　)和物理化学作用,能破坏人体正常的生理机能者,则称为毒物。

174. 由于毒物的破坏结果,引起人体各种病态和(　　)现象,称为中毒。

175. 慢性中毒主要发生在劳动条件差,防护措施不够,操作人员警惕性(　　)的长期情况。

176. 常用有机溶剂及稀释剂的毒性主要经过(　　),也可经过皮肤吸收。

177. 多数有机溶剂在高浓度下对眼、(　　)有刺激作用。

178. 生产性毒物进入人体的途径有呼吸道、(　　)和皮肤。

179. 直流电枢是用来产生(　　)和电磁力矩从而实现能量转换的主要部件。

180. 换向元件中的电势有自感、互感和(　　)。

181. 同步电机按结构分为旋转磁极式和(　　)两种。

182. 直流发电机的电枢是由原动力拖动旋转,在电枢绕组中产生(　　),将机械能转换成电能。

183. 将直流电机电枢绕组各并联支路中电位相等的点,即处于相同磁极下相同位置的点用导线连接起来(通常连接换向片),就称该导线为(　　)。

184. 从直流电动机的转矩以及转矩特性看,电磁转矩增大时,转速(　　)。

185. 直流电机的电枢绕组电阻一般很小,若直接启动,将产生较大的(　　)。

186. 直流电机定子换向极同心度偏差过大时,会导致换向极磁场(　　),影响换向。

187. 自励式直流电机按照励磁绕组与电枢绕组间连接方式不同分类可分为:串励、(　　)和复励。

188. 三相单层分布绕组的优点是能有效利用(　　),便于线圈散热。

189. 直流电动机的电磁功率(　　)机械功率。

190. 使直流电动机反转的方法有改变(　　)的方向和改变电枢电流的方向两种方法。

二、单项选择题

1. 三线电缆中的黑线代表(　　)。

(A)零线　　(B)火线　　(C)地线　　(D)N线

2. 通常所说的交流电 110 V 是指它的(　　)。

(A)平均值　　(B)有效值　　(C)最大值　　(D)瞬时值

3. 下列物理单位是韦伯的是(　　)。

(A)磁通　　(B)磁感应强度　　(C)磁导体　　(D)磁场强度

4. 由于电感线圈在通过交流电时要产生自感电动势,由楞次定律可知,其产生的感应电流总是阻碍原电流的变化,这个阻碍作用称为(　　)。

(A)电阻　　(B)电阻率　　(C)阻抗　　(D)感抗

5.( )使电路中某点电位提高。

(A)改变电路中某些电阻的阻值一定能 (B)改变参考点的选择可能

(C)增大电源电动势一定能 (D)增大电路中的电流一定能

6. 介质在交变电场下反复极化产生的电流叫( )。

(A)电导电流 (B)电容电流 (C)吸收电流 (D)泄露电流

7. 当 50 Ω 的电阻在 10 h 内通过 10 A 的直流电所消耗的能量为( )。

(A)0.5 kW·h (B)5 kW·h (C)50 kW·h (D)1 800 J

8. 下列物理量与媒介质磁导率有关的是( )。

(A)磁通 (B)磁感应强度 (C)磁场强度 (D)磁阻

9. 同一零件在各剖视图中,剖面线的方向和间隔应( )。

(A)互相相反 (B)保持一致 (C)宽窄不等 (D)互成一定角度

10. 形位公差的符号“▱”的名称是( )。

(A)直线度 (B)平面度 (C)圆柱度 (D)平行度

11. 符号“⌯”的名称是( )。

(A)垂直度 (B)位置度 (C)对称度 (D)平行度

12. 如果把中心投影法的投射中心移至无穷远处,则各投射线成为( )投影法。

(A)平行 (B)中心 (C)垂直 (D)倾斜

13. 以直角三角形的一条直角边所在直线为旋转轴,其余两边旋转形成的面所围成的旋转体称为( )。

(A)圆锥 (B)棱锥 (C)圆柱 (D)棱柱

14.( )投影的优点是能表达物体的真实形状和大小,而且绘图方法也比较简便,所以得到工程上的广泛应用。

(A)中心 (B) 斜 (C) 正 (D) 侧

15. 在装配中,可用( )简化表示带传动中的带。

(A)点划线 (B)双点划线 (C)细实线 (D)粗实线

16. 角度尺寸数字一律写成( )方向。

(A)水平 (B)垂直 (C)与尺寸线垂直 (D)与尺寸线水平

17. 当孔的上偏差小于相配合的轴的下偏差时,此配合的性质是( )。

(A)间隙配合 (B)过渡配合 (C)过盈配合 (D)无法确定

18. 由左向右投影所得的视图称为( )视图。

(A)左 (B)俯 (C)右 (D)仰

19. 对于公差等级低于 IT8 或基本尺寸大于 500 mm 的配合,推荐选择( )。

(A)孔的公差等级比轴高一级 (B)同级孔轴配合

(C)孔的公差等级比轴低一级 (D)孔轴公差等级可以相同,也可以不相同

20. 液压传动的动力部分的作用是将机械能转变为液体的( )。

(A)热能 (B)电能 (C)压力势能 (D)动能

21. 液压传动系统的工作部分的作用是将液压势能转化为( )。

(A)机械能 (B)原子能 (C)光能 (D)内能

22. 某种零件在装配时允许有附加的挑选、调整和修配,则此种零件( )。

(A)具有完全互换性　　(B)具有不完全互换性

(C)不具有互换性　　(D)无法确定其是否具有互换性

23. 装配图中假象画法指的是当需要表示某些零件运动范围和极限位置时,可用(　　)画线画出该零件的极限位置图。

(A)粗实　　(B)细实　　(C)虚　　(D)双点划

24. 最大极限尺寸减去其基本尺寸所得的代数差为(　　)。

(A)上偏差　　(B)下偏差　　(C)基本偏差　　(D)实际偏差

25. 移出断面图的轮廓线用(　　)线绘制。

(A)粗实　　(B)细实　　(C)局部　　(D)点划

26. 装配图中假想画法指的是当需要表示某些零件运动范围和极限位置时,可用(　　)线画出该零件的极限位置图。

(A)粗实　　(B)细实　　(C)虚　　(D)双点划

27. $\stackrel{3.2}{\surd}$表示的是(　　)μm。

(A)R_a不大于3.2　　(B)R_z不大于3.2　　(C)R_y不大于3.2　　(D)R_a大于3.2

28. 两轴平行,相距较远的传动可选用(　　)。

(A)圆锥齿轮传动　　(B)圆柱齿轮传动　　(C)带传动　　(D)蜗杆传动

29. 柱齿轮传动用于两轴(　　)的传动场合。

(A)平行　　(B)相交　　(C)相错　　(D)垂直相交

30. 销连接在机械中主要是定位,有时还可作为安全装置的(　　)零件。

(A)传动　　(B)固定　　(C)过载剪断　　(D)定位

31. 尺寸链中封闭环(　　)等于所有增环基本尺寸与所有减环基本尺寸之差。

(A)基本尺寸　　(B)公差　　(C)上偏差　　(D)下偏差

32. 圆锥面的过盈连接要求配合的接触面积达到(　　)以上,才能保证配合的稳固性。

(A)60%　　(B)75%　　(C)90%　　(D)100%

33. 下列(　　)为形状公差项目符号。

(A)⊥　　(B)//　　(C)◎　　(D)○

34. 装配精度完全依赖于零件(　　)的装配方法是完全互换法。

(A)形状精度　　(B)制造精度　　(C)加工误差　　(D)位置精度

35. 用力矩扳手使预紧力达到给定值的方法是(　　)。

(A)控制扭矩法　　(B)控制螺栓伸长法

(C)控制螺母扭角法　　(D)控制工件变形法

36. 可用于高压系统的液压泵是(　　)。

(A)柱塞泵　　(B)齿轮泵　　(C)叶片泵　　(D)定量泵

37. 电子邮件地址由两部分组成,用@号隔开,其中@号前为(　　)。

(A)用户名　　(B)机器名　　(C)本机域名　　(D)密码

38. 下列关于Internet的说法,不正确的是(　　)。

(A)Internet是目前世界上覆盖面最广、最成功的国际计算机网络

(B)Internet的中文名称是“因特网”

(C)Internet是一个物理网络

(D)Internet 在中国曾经有多个不同的名字

39. IE 浏览器的收藏夹是一个专用文件夹,其中收藏的是(　　)。

(A)网页的链接　(B)网页的全部内容

(C)网页的部分内容　(D)网页的内容和网页的链接

40. IP 地址用(　　)个十进制数点分表示的。

(A)3　(B)2　(C)4　(D)不能用十进制数表示

41. 计算机网络能传送的信息是(　　)。

(A)所有的多媒体信息　(B)只有文本信息

(C)除声音外的所有信息　(D)文本和图像信息

42. 电子邮件要传输到目的地(　　)。

(A)一般三天后才能到达　(B)无论远近,立刻到达

(C)不定,一般数秒到数小时内到达　(D)一天左右到达

43. 单击浏览器中工具栏上的"HOME"则(　　)。

(A)直接连接微软的主页　(B)直接连接 Netscape 的主页

(C)用户定义的主页上　(D)返回到上一次连接的主页

44. 下列不属于 Word 窗口组成部分的是(　　)。

(A)标题栏　(B)对话框　(C)菜单栏　(D)状态栏

45. 在 Word 编辑状态下,绘制一个文本框,要使用的下拉菜单是(　　)。

(A)插入　(B)表格　(C)编辑　(D)工具

46. 在 Word 编辑状态下制表时,若插入点位于表格外右侧的行尾处,按回车键,结果是(　　)。

(A)光标移到下一列　(B)光标移到下一行,表格行数不变

(C)插入一行,表格行数改变　(D)在本单元格内换行,表格行数不变

47. Word 具有的功能是(　　)。

(A)表格处理　(B)绘制图形　(C)自动更正　(D)以上三项都是

48. Word 主窗口水平滚动条的左侧有四个显示方式切换按钮:普通视图、联机版式视图、页面视图和(　　)。

(A)大纲视图　(B)主控文档　(C)其他视图　(D)全屏显示

49. 在 Word 的编辑状态,执行"文件"菜单中的"保存"命令后(　　)。

(A)将所有打开的文档存盘

(B)只能将当前文档存储在原文件夹内

(C)可以将当前文档存储在原文件夹内

(D)可以先建立一个新文件夹,再将文档存储在该文件夹内

50. 在 Word 的编辑状态,连续进行了两次"插入"操作,当单击一次"撤消"按钮后(　　)。

(A)将两次插入的内容全部取消　(B)将第一次插入的内容取消

(C)将第二次插入的内容取消　(D)两次插入的内容都不取消

51. 金属材料在无数次交变载荷作用下而不破坏的最大应力,称为(　　)。

(A)屈服强度　(B)疲劳强度　(C)断裂强度　(D)伸长率

52. 纯铁含碳量是(　　)。

(A)<0.0218%　(B)0.0218%~2%　(C)2%~6.69%　(D)>6.69%

53. 将金属工件加热到某一适当温度并保持一段时间,随即浸入淬冷介质中快速冷却的金属热处理工艺,叫(　　)。

(A)淬火　(B)退火　(C)正火　(D)回火

54. 表面热处理是为了改善零件(　　)的化学成分和组织。

(A)内部　(B)表层　(C)整体　(D)中心

55. 磁感应强度的单位在国际单位制中是(　　)。

(A)N/m^2　(B)Gs　(C)A/m　(D)T

56. 用涂 3 黏度杯测得的黏度值单位是(　　)。

(A)s　(B)Pa　(C)Pa·s　(D)cP

57. 1 斤相当于(　　)。

(A)0.1 kg　(B)0.2 kg　(C)0.5 kg　(D)1 kg

58. 动力黏度和运动黏度换算关系是(　　)。

(A)运动黏度=动力黏度/密度　(B)运动黏度=动力黏度·密度

(C)运动黏度=动力黏度/时间　(D)运动黏度=动力黏度·时间

59. 黏度单位换算正确的是(　　)。

(A)1 cP=1 cPa·s　(B)1 P=0.1 Pa·s　(C)1 cP=1 Pa·s　(D)1 P=1 000 cP

60. 压力 1 kgf 约等于(　　)。

(A)0.1 MPa　(B)1 MPa　(C)0.01 MPa　(D)10 MPa

61. 压强的 0.1 MPa 等于(　　)。

(A)1 000 Pa　(B)10 000 Pa　(C)100 000 Pa　(D)1 000 000 Pa

62. 压强 0.01 毫巴(mbar)等于(　　)。

(A)1 帕斯卡(Pa)　(B)10 帕斯卡(Pa)　(C)100 帕斯卡(Pa)　(D)1 000 帕斯卡(Pa)

63. 表面漆 9811 中树脂与固化剂比例为 4∶1,配置 1.5 kg 的表面漆,需要固化剂(　　)。

(A)6 kg　(B)7.5 kg　(C)0.5 kg　(D)0.3 kg

64. 耐热等级 E 所对应的温度是(　　)。

(A)120 ℃　(B)130 ℃　(C)155 ℃　(D)180 ℃

65. 电工材料是由(　　)组成。

(A)导电材料、绝缘材料

(B)半导体材料、导电材料、绝缘材料

(C)导电材料、绝缘材料、磁性材料

(D)导电材料、半导体材料、绝缘材料、磁性材料

66. 相间绝缘是(　　)。

(A)将绕组与铁芯隔开　(B)将同相绕组相互间隔开

(C)绕组匝与匝之间的绝缘　(D)将不同相的绕组隔开

67. 测量云母板厚度时,应选用(　　)。

(A)游标卡尺　(B)外径千分尺　(C)钢直尺　(D)外径卡尺

68. 绝缘材料为F级时，它的最高允许工作温度是(　　)。
(A)120 ℃　(B)130 ℃　(C)155 ℃　(D)180 ℃
69. 下列物质属于固体绝缘材料的是(　　)。
(A)云母　(B)六氟化硫　(C)变压器油　(D)二氧化碳
70. B级绝缘材料最高允许使用温度为(　　)。
(A)130 ℃　(B)105 ℃　(C)180 ℃　(D)155 ℃
71. 铜导热率为(　)。
(A)3.86 W/(m·℃)　(B)38.6 W/(m·℃)
(C)386 W/(m·℃)　(D)0.8～1 W/(m·℃)
72. 绝缘漆类产品的命名原则是产品名称由(　　)组成。
(A)化学成分　(B)基本名称
(C)化学成分和基本名称　(D)按照绝缘漆的名称命名
73. 代号为1168的绝缘漆(　　)数字表示小类代号。
(A)第一位1　(B)第二位1　(C)第三位6　(D)第四位8
74. 浸渍漆的最高允许工作温度为130 ℃时，其绝缘材料的等级为(　　)。
(A)B级　(B)F级　(C)H级　(D)C级
75. 绝缘漆的电气性能(　　)空气。
(A)高于　(B)低于　(C)等于　(D)以上都不对
76. 浸渍T1168漆的产品进罐温度一般是(　　)。
(A)室温　(B)60～70 ℃　(C)50～60 ℃　(D)35～40 ℃
77. 浸渍9960漆的产品进罐温度一般是(　　)。
(A)室温　(B)35～40 ℃　(C)50～60 ℃　(D)60～70 ℃
78. 使用的H62树脂输漆时漆温控制在(　　)。
(A)室温　(B)60～65 ℃　(C)45～55 ℃　(D)35～40 ℃
79. 使用涂4黏度杯测量黏度，时间越长黏度(　　)。
(A)越大　(B)越小　(C)无关　(D)以上都对
80. 目前，对高压电机浸渍的最佳方法为(　　)。
(A)真空压力浸漆　(B)普通浸漆　(C)滴浸　(D)沉浸
81. EMS781绝缘漆黏度偏大后可使用(　　)进行调节。
(A)甲基苯乙烯　(B)苯乙烯　(C)二甲苯　(D)水
82. 根据使用场合、环境工况合理选择吊索吊具，吊索之间夹角不小于(　)，不大于120°。
(A)10°　(B)20°　(C)30°　(D)40°
83. 电机浸漆过程中通过检测(　　)来判断浸漆质量。
(A)电压　(B)电流　(C)电容值　(D)介质损耗
84. 在电机绝缘处理过程中，通过测定(　　)来确定电机是否受潮。
(A)温度　(B)电容值　(C)绝缘电阻　(D)介质损耗
85. 国家标准规定二甲苯最高允许排放浓度是(　　)。
(A)50 mg/m³　(B)60 mg/m³　(C)70 mg/m³　(D)80 mg/m³

86. 在使用过程中最有效的减少废气产生的措施是(　　)。

(A)使用无溶剂漆　(B)使用有溶剂漆　(C)少加稀释剂　(D)少加活性稀释剂

87. 工件烘焙温度为 140 ℃时,其报警温度应设为(　　)。

(A)180 ℃　(B)190 ℃　(C)200 ℃　(D)145 ℃

88. 涂 3 黏度杯的漏嘴孔直径为(　　)。

(A)2 mm　(B)3.76 mm　(C)4.26 mm　(D)5.28 mm

89. 压力传感器是一种能感受压力并按照一定的规律将(　　)转换成可输出信号的器件或装置。

(A)温度　(B)压力　(C)电流　(D)电压

90. 绝缘浸渍工上岗前必须经过浸漆理论知识培训,并取得(　　)。

(A)入厂证　(B)浸漆工上岗证书

(C)职业学校的毕业证　(D)大专以上的毕业证

91. 生产现场的图纸、工艺文件的更改由(　　)完成。

(A)调度员　(B)主管工艺员　(C)班长　(D)班组员工

92. 工艺文件和操作规程是生产技术实践的总结,也是保证产品质量的(　　)。

(A)重要环节　(B)指导文件　(C)中心环节　(D)措施

93. 为了保证绝缘漆长期储存,储漆罐的温度为(　　)。

(A)−10～0 ℃　(B)0～10 ℃　(C)10～20 ℃　(D)20～30 ℃

94. 所有配件从本工序流出必须经过(　　)检查。

(A)质检员　(B)自检　(C)工艺员　(D)班组内部检查人员

95. 大电流加热机不加热的主要原因有(　　)。

(A)联线故障　(B)接触器烧损　(C)变压器短路　(D)可控硅烧损

96. 当绝对压力小于大气压力时,则把该绝对压力叫做(　　)。

(A)差压　(B)疏空　(C)真空度　(D)绝对压力

97. 有些压力表的外壳后部开有一孔,这个孔是(　　)。

(A)使表内外温度均衡　(B)多余的

(C)为测量气体的表漏气时放气　(D)为观察机芯用

98. 铁的导热率为(　　)。

(A)0.8 W/(m·℃)　(B)8 W/(m·℃)

(C)80 W/(m·℃)　(D)800 W/(m·℃)

99. 绝缘材料的电阻随环境温度的升高而(　　)。

(A)增大　(B)减小　(C)无关　(D)以上都对

100. 绝缘材料产品型号的编制一般采用四位数,第二位数代表了绝缘材料产品的(　　)。

(A)大类　(B)小类　(C)温度指数　(D)品种的差异

101. 环氧树脂固化前是线型分子结构,不能直接使用,必须用(　　)使其交联。

(A)滑石粉　(B)稀释剂　(C)固化剂　(D)酒精

102. 在绝缘漆固化过程中增进或控制固化反应的物质是(　　)。

(A)阻聚剂　(B)稀释剂　(C)固化剂　(D)抗凝剂

103. 使需要浸渍工件分段浸渍，每次浸没一部分绕组，然后转动工件，直至全部绕组均浸过绝缘漆，这种浸渍方式叫(　　)。

(A)沉浸　(B)滴浸　(C)滚浸　(D)真空压力浸

104. 将绕组加热并旋转，绝缘漆滴在绕组端部，漆在重力、毛细管和离心力作用下，均匀渗入绕组内部及槽中，这种浸渍方式叫(　　)。

(A)滴浸　(B)滚浸　(C)沉浸　(D)真空压力浸

105. W1169 漆黏度工艺指标为(　　)。

(A)60～100 s　(B)100～200 s　(C)200～300 s　(D)300～400 s

106. 在吊运工件过程中，司机对(　　)发出的"紧急停车"信号都应服从。

(A)操作人员　(B)行走人员　(C)特殊人员　(D)任何人员

107. 翻身机翻转 90°所用时间是(　　)。

(A)1～5 s　(B)6～12 s　(C)20～30 s　(D)100～200 s

108. 浸渍 T1168 树脂时，真空度一般要求为(　　)。

(A)大于 1 500 Pa　(B)小于 1 500 Pa　(C)大于 400 Pa　(D)小于 200 Pa

109. 浸渍 H62C 有机硅树脂时真空度一般要求小于(　　)。

(A)2 000 Pa　(B)1 000 Pa　(C)500 Pa　(D)50 Pa

110. 真空压力浸 T1168 漆时，真空干燥的要求是(　　)。

(A)当真空度≤100 Pa 时，停止抽真空，保持 30 min

(B)当真空度≤200 Pa 时，停止抽真空，保持 10 min

(C)当真空度≤200 Pa 时，停止抽真空，保持 30 min

(D)当真空度≤100 Pa 时，停止抽真空，保持 10 min

111. 极限压力低，则真空度(　　)。

(A)低　(B)高　(C)无关　(D)以上都不对

112. 真空压力浸漆时，真空度一般为(　　)。

(A)≤2 Pa　(B)≤20 Pa　(C)≤2 000 Pa　(D)≤200 Pa

113. 真空压力浸漆时，压力一般要求为(　　)。

(A)0.49～0.6 MPa　(B)0.2～0.3 MPa

(C)0.3～0.4 MPa　(D)0.1～0.2 MPa

114. 真空压力浸漆设备运行的压缩空气源压力为(　　)。

(A)0.000 6 Mpa　(B)0.006 MPa　(C)0.06 MPa　(D)0.6 MPa

115. 国产真空罗茨泵设备加注的润滑油型号分别是(　　)。

(A)KK-1　(B)VM100　(C)VE101　(D)GS77

116. 烘箱运行的电源电压是(　　)。

(A)110 V　(B)220 V　(C)380 V　(D)690 V

117. 浸漆罐罐体加热采用(　　)为加热介质。

(A)汽油　(B)水　(C)导热油　(D)酒精

118. 油环泵使用的工作介质是(　　)。

(A)VM100　(B)GS77　(C)变压器油　(D)VE100

119. 真空压力浸漆罐属于(　　)容器。

(A)密封　(B)普通　(C)压力　(D)开放

120. 罗茨泵亦称机械式(　　)。

(A)调压泵　(B)减压泵　(C)分压泵　(D)增压泵

121. 罗茨泵的理论抽速与前级泵理论抽速的配比关系为(　　)。

(A)2∶1～4∶1　(B)16∶1～20∶1　(C)9∶1～15∶1　(D)5∶1～8∶1

122. 罗茨泵跟前级泵比较,在较宽的压力范围内有(　　)的抽速。

(A)相同　(B)较大　(C)较小　(D)以上都不对

123. 压缩空气净化干燥器可以将压缩空气的露点降到(　　)。

(A)－100 ℃　(B)－80 ℃　(C)－60 ℃　(D)－40 ℃

124. 真空压力浸漆设备简称为(　　)设备。

(A)VCD　(B)VPI　(C)VCR　(D)VIP

125. 浸漆设备冷却液添加的是(　　)。

(A)酒精　(B)乙二醇　(C)甲苯　(D)二甲苯

126. 真空管路的涂装采用(　　)。

(A)蓝色　(B)绿色　(C)红色　(D)淡黄色

127. 烘焙过程中,烘箱监控人员至少需在(　　)内巡视一次。

(A)3 小时　(B)2 小时　(C)1 小时　(D)0.1 小时

128. 旋转烘焙时工件外缘的线速度为(　　)。

(A)15～30 m/min　(B)5～10 m/min　(C)1～5 m/min　(D)50～100 m/min

129. H62C 有机硅树脂固化挥发份要求是(　　)。

(A)≤5%　(B)≤1%　(C)≤10%　(D)≤20%

130. 涂 4 杯黏度计的容量为(　　)。

(A)50 mL　(B)200 mL　(C)150 mL　(D)100 mL

131. 现阶段使用的绝缘漆固化挥发份为(　　)。

(A)10%～15%　(B)5%～10%　(C)≤5%　(D)15%～20%

132. 产品质量是否合格是以(　　)来判断的。

(A)质检员水平　(B)工艺条件　(C)技术标准　(D)工艺标准

133. 加新漆时要做好加漆记录,记录内容包括(　　)。

(A)漆的型号、生产厂家、生产批号、加漆数量、加漆日期及操作者

(B)漆的型号、生产厂家、加漆数量、加漆日期及操作者

(C)生产厂家、生产批号、加漆数量、加漆日期及操作者

(D)漆的型号、生产批号、加漆数量、加漆日期及操作者

134. 测电气设备的绝缘电阻时,额定电压 690 V 以上的设备应选用(　　)兆欧表。

(A)1 000 V 或 2 500 V　(B)500 V 或 1 000 V

(C)500 V　(D)400 V

135. 测量 500～1 000 V 交流电动机应选用(　　)的摇表。

(A)2 500 V　(B)5 000 V　(C)500 V　(D)1 000 V

136. 手摇发电机式兆欧表使用前,指针指示在标度尺的(　　)。

(A)"0"处　(B)"∞"处　(C)任意位置　(D)中央处

137. 测量 380 V 电动机定子绕组的绝缘电阻应该用(　　)。
(A)万用表　(B)1 000 V 兆欧表　(C)500 V 兆欧表　(D)2 500 V 兆欧表
138. 测量定子的介质损耗时,如果其增量小,表明工件的浸漆效果(　　)。
(A)无关　(B)坏　(C)好　(D)以上都不对
139. 若绕组的对地绝缘电阻为零,说明电机绕组已经(　　)。
(A)匝短　(B)接地　(C)短路　(D)以上都不对
140. 正确检测电机匝间绝缘的方法是(　　)。
(A)工频对地耐压试验　(B)中频匝间试验和匝间脉冲试验
(C)测量绝缘电阻　(D)测量线电阻
141. 线圈匝间绝缘损坏击穿的原因是由(　　)而引起的。
(A)电机绕组电阻大　(B)电机短时过载
(C)匝间电压过高或匝间绝缘损坏　(D)电机绕组电阻小
142. 电机三相电流平衡试验时,如果线圈局部过热,则可能是(　　)。
(A)极对数接错　(B)匝间短路　(C)并联支路数接错　(D)极性接错
143. 电气试验人员进入作业区要穿(　　)。
(A)皮鞋　(B)布鞋　(C)绝缘鞋　(D)胶鞋
144. 交流电机(　　)的目的是考核绕组绝缘的介电强度,保证绕组绝缘的可靠性。
(A)耐压试验　(B)绝缘电阻测定
(C)三相电流平衡试验　(D)空转检查
145. 交流电机耐压试验时,施加电压从试验电压值的 50%开始,逐步增加,以试验电压值的(　　)均匀分段增加到全值。
(A)10%　(B)5%　(C)20%　(D)30%
146. 耐压试验是在绕组与机壳或铁芯之间和各相绕组之间加上 50 Hz 的高压交流电试验电压,试验(　　)min,绝缘应无击穿现象。
(A)5　(B)3　(C)1　(D)7
147. 定子铁芯线圈出罐后,装工装前检查产品的主要项点包括(　　)。
(A)铁芯表面应无损伤　(B)线圈无损伤、无变形
(C)槽楔无松动,传感器线完好　(D)ABC 全是
148. 普通粗牙螺纹的牙型符号是(　　)。
(A)M　(B)G　(C)S　(D)Tr
149. 普通螺纹按螺距分为粗牙螺纹和细牙螺纹(　　)。
(A)粗牙螺纹连接强度较高　(B)两种连接强度一样
(C)细牙螺纹连接强度较高　(D)两种连接强度不一定哪个高
150. 下面是细牙螺纹的是(　　)。
(A)M16×2　(B)M24×3　(C)M20×2.5　(D)M18×2
151. 清铲过丝时,应保持丝锥的中心线与螺孔中心线(　　)。
(A)重合　(B)水平　(C)倾斜　(D)有一定的角度要求
152. Pt100 就是指(　　)的阻值是 100 Ω。
(A)−273 ℃　(B)−10 ℃　(C)0 ℃　(D)23 ℃

153. 能广泛用于湿热地区电机、电器设备等部件表面的漆是(　　)。

(A)浸渍漆　(B)漆包线漆　(C)覆盖漆　(D)硅钢线漆

154. 由于涂料施工所使用的材料绝大多数是(　　)物质,所以存在火灾与爆炸的危险。

(A)有毒　(B)液态　(C)固态　(D)易燃

155. 涂料稀释剂是有毒和易燃品,应注意安全使用和(　　),操作人员应穿戴好劳动保护用品。

(A)露天存放　(B)妥善保管　(C)潮湿处存放　(D)随意存放

156. 空气喷涂中,为了净化空气,使喷涂光滑平整,应当采用净化设备(　　)。

(A)油水分离器　(B)过滤器　(C)射水抽水器　(D)精过滤器

157. 喷涂最普遍采用的方法是(　　)。

(A)空气喷涂法　(B)流化喷涂法　(C)静电喷涂法　(D)液化喷涂法

158. 表面预处理要达到的主要目的就是增强涂膜对物体表面的(　　)。

(A)遮盖力　(B)附着力　(C)着色力　(D)厚度

159. 涂膜的硬度与其干燥程度有关,一般来说,涂膜干燥越彻底,硬度(　　)。

(A)无变化　(B)反而差　(C)会越高　(D)以上都不对

160. 487 漆的固化剂与底漆按质量比(　　)配比。

(A)4∶1　(B)1∶4

(C)1∶25　(D)根据环境温度,凭经验配比

161. 由于毒物的破坏结果,引起人体各种病态和死亡现象,称为(　　)

(A)窒息　(B)中毒　(C)慢性中毒　(D)急性中毒

162. 通过人身的交流安全电流规定在(　　)以下。

(A)10 mA　(B)100 mA　(C)200 mA　(D)1 000 mA

163. 施工现场照明设施的接电应采取的防触电措施为(　　)。

(A)戴绝缘手套　(B)切断电源　(C)站在绝缘板上　(D)无需防护

164. 被电击的人能否获救,关键在于(　　)。

(A)触电的方式　(B)能否尽快脱离电源和施行紧急救护

(C)触电电压的高低　(D)人体电阻的大小

165. 机动车载运爆炸物品、易燃易爆化学物品以及剧毒、放射性等危险物品,应当上报批注的部门是(　　)。

(A)车辆主管单位　(B)交通管理部门　(C)公安机关　(D)公安消防机构

166. 我国有关防治职业病的国家职业卫生标准,制定并公布的部门是(　　)。

(A)工会　(B)国务院卫生行政部门

(C)环境管理部门　(D)公安部门

167. 作为质量管理的一部分,(　　)致力于提供质量要求会得到满足的信任。

(A)质量策划　(B)质量控制　(C)质量保证　(D)质量改进

168. 根据质量要求设定标准,测量结果,判定是否达到了预期要求,对质量问题采取措施进行补救并防止再发生的过程是(　　)。

(A)质量控制　(B)质量检验　(C)质量改进　(D)质量策划

169. 原先顾客认为质量好的产品因顾客要求的提高而不再受到欢迎,这反映了质量的

(　　)。

(A)经济性　(B)广义性　(C)相对性　(D)时效性

170. 某企业根据产品适合顾客需要的程度来判定产品质量是否合格，在这里质量的概念是(　　)。

(A)适用性质量　(B)符合性质量　(C)广义质量　(D)狭义质量

171. 质量策划的目的是保证最终的结果能满足(　　)。

(A)相关方的需要　(B)相关质量标准

(C)企业成本的有效控制　(D)顾客的需要

172.(　　)是质量管理的基本原则，也是现代营销管理的核心。

(A)领导作用　(B)基于事实的决策方法

(C)全员参与　(D)以顾客为关注焦点

173. 实现顾客满意的前提是(　　)。

(A)使产品或服务满足顾客的需求　(B)制定质量方针和目标

(C)了解顾客的需求　(D)注重以顾客为中心的理念

174. 检验就是通过观察和判定，适当时结合测量、试验所进行的(　　)评价。

(A)有效性　(B)符合性　(C)适宜性　(D)充分性

175. 从批产品中按规定的抽样方案抽取少量样品(构成一个样本)所进行的抽样检验，其目的在于判定(　　)是否符合要求。

(A)抽样方案　(B)样本　(C)抽取的样品　(D)一批产品

176. 监督检验的目的是(　　)。

(A)对投放市场且关系国计民生的商品实施宏观监控

(B)生产方检验产品质量是否满足预期规定的要求

(C)向仲裁方提供产品质量的技术证据

(D)使用方检验产品质量是否满足采购规定的要求

177. 企业对其采购产品的检验是(　　)检验。

(A)第三方　(B)第一方　(C)第二方　(D)仲裁方

178. 只有在(　　)通过后才能进行正式批量生产。

(A)进货检验　(B)首件检验　(C)过程检验　(D)自检

179. 控制图是一种(　　)。

(A)用于控制过程质量是否出于控制状态的图

(B)利用公差界限控制过程的图

(C)根据上级下达指标设计的因果图

(D)用于控制成本的图

180. 在机床加工过程中，车床夹具超过工艺要求形成的松动属于(　　)。

(A)偶然因素　(B)异常因素　(C)不稳定因素　(D)统计因素

181. 为了抓关键的少数，在排列图上通常把累计比率分为三类，其中A类因素为(　　)。

(A)0～60％　(B)0～70％　(C)0～80％　(D)0～90％

182. 用来发现质量不合格、故障、顾客抱怨、退货、维修等问题的排列图是(　　)。

(A)分析现象用排列图　(B)分析原因用排列图

(C)分析过程用排列图　(D)分析结果用排列图

183. 当(　　)时,过程能力严重不足,应采取紧急措施和全面检查,必要时可停工整顿。

(A)$c_p<0.67$　(B)$c_p<0.75$　(C)$c_p<1$　(D)$c_p<1.33$

184. 高处作业规定(　　)米以上的空间作业。

(A)2　(B)3　(C)4　(D)5

185. 发生火警在未确认切断电源时,灭火严禁使用(　　)。

(A)四氯化碳灭火器　(B)二氧化碳灭火器

(C)酸碱泡沫灭火器　(D)干粉灭火器

186. 从技术性能、经济、价格来考虑(　　)是合适的普通导电材料。

(A)铜和铝　(B)金和银　(C)铁和锡　(D)铅和钨

187. 对称三相绕组在空间位置上应彼此相差(　　)电角度。

(A)60°　(B)90°　(C)120°　(D)360°

188. 在高速传动中,既能补偿两轴的偏移,又不会产生附加载荷的联轴器是(　　)联轴器。

(A)齿式　(B)凸缘式　(C)十字滑块式　(D)万向式

189. 对于叠绕组每一支路各元件的对应边应处于(　　)下,以获得最大的支路电动势和电磁转矩。

(A)同极性主极　(B)同极性副极　(C)同一副极　(D)同一主极

190. 下列设备、器件中选择硅钢片软磁材料的是(　　)。

(A)电力变压器的铁芯　(B)精密电表测量机构中的铁片

(C)天线的磁芯　(D)电磁铁的磁极

三、多项选择题

1. 由(　　)和控制设备等组成的导电的回路叫电路。

(A)电阻　(B)负载　(C)连接导线　(D)电源

2. 三相电源通常都联成(　　)。

(A)三角形　(B)Z形　(C)V形　(D)星形

3. 下列物理量与媒介质磁导率有关的是(　　)。

(A)磁通　(B)磁感应强度　(C)磁场强度　(D)磁阻

4. 常用的电工测量方法有(　　)。

(A)直接测量法　(B)比较测量法　(C)间接测量法　(D)校核测量法

5. 如果一对孔轴装配后无间隙,则这一配合可能是(　　)。

(A)过盈配合　(B)间隙配合　(C)过渡配合　(D)三者均可能

6. 误差的来源主要包含有(　　)等方面。

(A)计量器具误差　(B)基准误差　(C)方法误差　(D)环境及人为误差

7. 在机械制造中,零件的加工质量包括(　　)。

(A)尺寸精度　(B)位置精度　(C)形状精度　(D)表面几何形状特征

8. 检测过程的四要素包括(　　)。

(A)检测对象　(B)计量单位　(C)检测方法　(D)检测精度

9. 用万用表测量电阻时应注意(　　)。

(A)测量时双手不可碰到电阻引脚及表笔金属部分

(B)测量电路中某一电阻时,应将电阻的一端断开

(C)准备测量电路中的电阻时,应先切断电源,切不可带电测量

(D)选择适当的倍率档,然后接零

10. 下列配合代号标注正确的是(　　)。

(A)ϕ30H7/k6　(B)ϕ30H7/p6　(C)ϕ30h7/D8　(D)ϕ30H8/h7

11. 下列配合中是间隙配合的有(　　)。

(A)ϕ30H7/q6　(B)ϕ30H8/r7　(C)ϕ30H8/m7　(D)ϕ30H7/t6

12. 下列有关公差等级的论述中,不正确的有(　　)。

(A)孔轴相配合,均为同级配合

(B)公差等级的高低,影响公差带的大小,决定配合的精度

(C)在满足要求的前提下,应尽量选用高的公差等级

(D)公差等级高,则公差带宽

13. 下列关于公差与配合的选择的论述不正确的有(　　)。

(A)从结构上考虑应优先选用基轴制

(B)在任何情况下应尽量选用低的公差等级

(C)配合的选择方法一般有计算法类比法和调整法

(D)从经济上考虑应优先选用基孔制

14. 形位公差带的四要素,即形位公差的(　　)。

(A)形状　(B)数值　(C)基准　(D)位置

15. 蜗杆传动的优点有(　　)。

(A)效率高　(B)传动平稳　(C)有自锁作用　(D)传动比大

16. 下面属于基本视图的是(　　)。

(A)左视图　(B)主视图　(C)右视图　(D)俯视图

17. 一张完整的零件图样应包括(　　)。

(A)技术要求　(B)标题栏　(C)视图　(D)尺寸

18. 配合可分为(　　)。

(A)紧凑配合　(B)过盈配合　(C)过渡配合　(D)间隙配合

19. 标注粗糙度的代码时应包括(　　)。

(A)尺寸界线　(B)尺寸线　(C)数值　(D)可见轮廓线

20. 平面图形中的尺寸按照作用分为(　　)。

(A)定位尺寸　(B)定量尺寸　(C)定形尺寸　(D)基准尺寸

21. 在绘图中,下列对于剖视图的说法正确的有(　　)。

(A)按照剖视占用视图的范围可分为全剖视图、半剖视图、局部剖视图、复合剖视图

(B)全剖视图主要适用于外形简单、内部结构比较复杂且没有对称性的情况

(C)半剖视图主要适用于内外结构形状较复杂且具有对称或接近对称的情况

(D)在局部剖视图中,视图与剖视用波浪线分界,且波浪线不应与图形上其他图线重合

22. 在画剖视图时易出现的错误有(　　)。

(A)出现“漏线”现象

(B)画半剖视图时,剖视图与视图的分界线是该图形的对称线,使用粗实线

(C)画半剖视图时,剖视图与视图的分界线是该图形的对称线,使用细点划线

(D)半剖视图中可省略的虚线未省略

23. 基本偏差代号为 f 的轴与基本偏差代号为 H 的孔不可能构成(　　)。

(A)间隙配合　(B)过渡配合　(C)过盈配合　(D)过渡配合或过盈配合

24. 切割型的组合体,看图时以下分析方法不能采用的是(　　)。

(A)面分析法　(B)原始分析法　(C)线分析法　(D)形体分析法

25. 相邻两零件的接触面和配合面间不能画(　　)条线。

(A)一　(B)二　(C)三　(D)四

26. 同一零件在各剖视图中,剖面线的方向和间隔不能(　　)。

(A)保持一致　(B)互相相反　(C)宽窄相等　(D)宽窄不等

27. 下列属于紧固件的有(　　)。

(A)螺栓　(B)双头螺柱　(C)紧定螺钉　(D)螺母

28. 下面属于 Word 具有的功能的是(　　)。

(A)自动更正　(B)绘制图形　(C)表格处理　(D)字数统计

29. 计算机病毒的特点包括(　　)。

(A)传染性　(B)潜伏性　(C)偶然性　(D)破坏性

30. Word 中的多文档窗口操作,以下叙述中正确的是(　　)。

(A)允许同时打开多个文档进行编辑,每个文档有一个文档窗口

(B)多个文档编辑工作结束后,只能一个一个地存盘或关闭文档窗口

(C)多文档窗口间的内容可以进行剪切、粘贴和复制等操作

(D)文档窗口可以拆分为两个文档窗口

31. 金属材料的力学性能是指金属材料在外力作用下所反映出来的性能。外力不同,产生的变形也不同,一般分为(　　)。

(A)拉伸　(B)压缩　(C)剪切　(D)弯曲

32. 金属材料常用的力学性能有(　　)。

(A)塑性　(B)弹性　(C)强度　(D)硬度

33. 钢的热处理的种类包括(　　)。

(A)正火　(B)回火　(C)退火　(D)淬火

34. 电阻的单位有(　　)。

(A)kΩ　(B)Ω　(C)mΩ　(D)MΩ

35. 黏度的单位是(　　)。

(A)Pa·s　(B)m^2/s　(C)Pa　(D)s

36. 黏度单位换算正确的是(　　)。

(A)1 cP=1 Pa·s　(B)1 P=0.1 Pa·s

(C)1 P=100 cP　(D)1 cP=1 mPa·s

37. 属于长度单位的有(　　)。

(A)海里　(B)码　(C)英寸　(D)平方米

38. 伏特(V)是(　　)的计量单位。

(A)电压　(B)电动势　(C)电位　(D)电源

39. 电机的绝缘处理一般具有不安全因素和存在(　　)等特点。

(A)有毒　(B)易燃易爆　(C)高温　(D)腐蚀性强

40. 绝缘材料耐热等级包括(　　)。

(A)H级绝缘　(B)A级绝缘　(C)F级绝缘　(D)C级绝缘

41. 根据JB/T 2197—1996电气绝缘材料产品分类、命名及型号编制方法规定,下列表述正确的是(　　)。

(A)第一位数表示电气绝缘材料产品大类代号

(B)第二位数表示电气绝缘材料产品小类代号

(C)第三位数表示电气绝缘材料产品耐温指数代号

(D)第四位数表示电气绝缘材料产品品种代号

42. 漆、可聚合树脂和胶类的小类代号和名称描述正确的是(　　)。

(A)0有机溶剂　(B)1无溶剂可聚合树脂

(C)2覆盖漆、防晕漆、半导电漆　(D)3硬质覆盖漆、瓷漆

43. 关于绝缘材料命名中温度指数描述正确的是(　　)。

(A)代号4,温度指数不低于155 ℃　(B)代号5,温度指数不低于180 ℃

(C)代号6,温度指数不低于200 ℃　(D)代号7,温度指数不低于220 ℃

44. 以下会降低绝缘物绝缘性能或导致破坏的有(　　)。

(A)潮气　(B)机械损伤　(C)腐蚀性气体　(D)粉尘

45. 绝缘老化的表征是(　　)。

(A)绝缘电阻低　(B)泄露电流增加

(C)$\tan\delta$增大　(D)局部放电量增加

46. 电机绕组的绝缘可分为(　　)。

(A)主绝缘　(B)匝间绝缘　(C)股间绝缘　(D)层间绝缘

47. 以下属于绝缘材料性能的有(　　)。

(A)良好的耐潮性　(B)良好的耐热性

(C)良好的机械强度　(D)良好的介电性能

48. 绝缘漆一般是由(　　)组成。

(A)树脂　(B)稀释剂　(C)固化剂　(D)引发剂

49. 绝缘材料的老化主要有(　　)。

(A)环境老化　(B)热老化　(C)电老化　(D)自然老化

50. 绝缘材料主要性能包括(　　)。

(A)电气性能　(B)热性能　(C)力学性能　(D)理化性能

51. 绝缘漆按使用范围及形态分为(　　)。

(A)浸渍绝缘漆　(B)覆盖绝缘漆　(C)硅钢片绝缘漆　(D)漆包线绝缘漆

52. 支架绝缘的作用是(　　)。

(A)增加绕组对地电气绝缘强度　(B)增加绕组匝间绝缘强度

(C)保护绕组绝缘不受损伤　(D)增加绕组相间绝缘强度

53. 匝间绝缘损坏(击穿)的原因是(　　)。
(A)匝间电压过高　　(B)电机短时过载
(C)匝间绝缘损坏　　(D)电机绕组电阻偏大
54. 常用的外包绝缘材料有(　　)。
(A)无碱玻璃丝带　　(B)热缩带
(C)漆布　　(D)复合材料 NHN
55. 常用绝缘材料耐热等级包括(　　)。
(A)D 级绝缘　　(B)A 级绝缘　　(C)F 级绝缘　　(D)H 级绝缘
56. 一般电机绕组使用的绝缘材料,包括(　　)。
(A)云母带　　(B)聚酰亚胺薄膜　(C)玻璃丝带　　(D)绝缘漆
57. 引起定子绝缘温度升高的主要原因(　　)。
(A)绝缘老化　　(B)局部放电　　(C)局部过热　　(D)电压过高
58. 以下属于固化后的绝缘漆所具有的性能的有(　　)。
(A)耐潮　　(B)耐碱　　(C)耐溶剂　　(D)耐酸
59. 硅钢片漆的作用有(　　)。
(A)降低涡流损耗　　(B)增强防锈
(C)耐腐蚀　　(D)增加摩擦
60. 以下属于浸漆过程存在的不安全因素的有(　　)。
(A)有毒　　(B)腐蚀性强　　(C)易燃　　(D)易爆
61. 以下属于无溶剂漆的关键技术指标的有(　　)。
(A)厚层固化能力　　(B)固化挥发物含量
(C)黏度　　(D)凝胶时间
62. 根据国标规定,代表绝缘漆的绝缘产品型号的有(　　)。
(A)1168　　(B)3240　　(C)4330　　(D)1169
63. 以下属于绝缘漆的用途的有(　　)。
(A)外观装饰　　(B)覆盖　　(C)胶粘　　(D)浸渍
64. 下列不属于浸渍漆的是(　　)。
(A)1168　　(B)193　　(C)1357-2　　(D)1357-6
65. 活性稀释剂可以使用(　　)。
(A)水　　(B)乙烯基甲苯　　(C)二甲苯　　(D)甲基苯乙烯
66. 以下属于有溶剂浸渍漆的优点的有(　　)。
(A)漆价便宜　　(B)烘焙中漆流失少　(C)储存稳定　　(D)使用方便
67. 以下属于有溶剂浸渍漆的缺点的有(　　)。
(A)易燃易爆　　(B)毒性　　(C)浪费资源　　(D)不安全性
68. 以下属于无溶剂浸渍漆的优点的有(　　)。
(A)浸漆次数少　　(B)无溶剂挥发　　(C)绝缘层致密　　(D)漆价便宜
69. 电机中使用的绝缘漆除了各种绝缘材料之间的胶粘漆,还包括了(　　)。
(A)浸渍漆　　(B)覆盖漆　　(C)硅钢片漆　　(D)密封胶
70. 预烘一般可以在常压下进行,也可以在一定真空度下进行,因为后者对于预烘过程可以(　　)。

(A)排除水分　　(B)排除溶剂小分子

(C)较低温度下水分子出来　　(D)同一温度下缩短烘焙时间

71. 牵引电机的绝缘漆中常使用环氧树脂,是因为(　　)。

(A)环氧树脂对各种材料的粘接力强　　(B)固化收缩率小,致密性好

(C)耐化学腐蚀性　　(D)耐潮、耐霉

72. 环氧树脂固化前是线型分子结构不能直接使用,需要固化剂使其交联。常用的固化剂有(　　)。

(A)酸酐固化剂　　(B)胺类固化剂

(C)石英粉　　(D)邻苯二甲酸二丁酯

73. 关于绝缘电阻系数,下列说法正确的是(　　)。

(A)随着温度的升高,电阻系数呈指数式的降低

(B)绝缘电阻随着湿度的增大而下降

(C)绝缘电阻大小受绝缘材料中杂质含量的影响

(D)在绝缘材料的标准中大都规定了绝缘电阻系数(包括常态、高温和受潮后)的指标

74. 绝缘电阻在电机中扮演着非常重要的角色,下列说法正确的是(　　)。

(A)通过测定绝缘电阻来确定电机未浸漆前的白坯是否已经彻底干燥

(B)通过测定绝缘电阻来确定浸漆后的工件绝缘漆是否固化完全

(C)在电机运行或者检修时,通过测定绝缘电阻吸收比的方法来确定电机受潮情况

(D)当加压后 75 s 所测得的电阻比值小于规定值时,说明绝缘已经严重受潮,需要进行干燥

75. 介质的损耗角正切是作为衡量电解质损耗的参数,影响的因数有(　　)。

(A)频率　　(B)温度　　(C)湿度　　(D)电场强度

76. 绝缘材料的介质损耗角正切 $\tan\delta$ 在电气工程上有重要的实用意义,下面说法正确的是(　　)。

(A)在电工中都要求所用的绝缘材料的 $\tan\delta$ 要小,尤其在高频高电压工作时

(B) $\tan\delta$ 大电解质过分发热,热作用会使那些耐热等级低的有机材料的绝缘性能发生不可逆性变坏即老化,严重导致击穿

(C)绝缘受潮后, $\tan\delta$ 可增加 10～20 倍,绝缘电阻降低 10～15 倍。因此可以根据 $\tan\delta$ 随温度的变化速度来判断受潮的程度

(D)测定 $\tan\delta$ 随电压变化的曲线来判断整个绝缘的质量,检查绝缘中有无气泡以及在某些电场集中处是否有局部的游离放电

77. 关于固体材料的击穿形式下列说法正确的是(　　)。

(A)在强电场作用下,绝缘内部电质点剧烈运动,发生碰撞电离,破坏分子结构,增加电导,以致最后击穿,称为电击穿

(B)在强电场作用下,绝缘材料内部由于介质损耗而发生的热量,如果来不及散发出去,就会使绝缘材料内部温度升高,导致分子结构破坏而击穿,称为热击穿

(C)在强电场作用下,绝缘材料内部包含的气泡首先发生碰撞电离而放电,杂质也因受电场

加热而汽化,杂质气话又产生气泡进一步放电,导致整个材料的击穿,称作放电击穿

(D)绝缘结构的实际击穿,是电、热、放电等形式单独作用的结果

78. 为提高绝缘的击穿强度,可以采取的措施包括(　　)。

(A)精选原料,保持清洁,清除有害的杂质

(B)使整个绝缘有个致密的整体结构,用合理浸渍或者其他方法彻底根除绝缘中的孔隙或者气泡

(C)改善电场分布,使其尽量趋于均匀

(D)改善绝缘所处的环境条件,采用浇注和表面涂封等措施

79. 专用绝缘漆根据其所含树脂或主要活性部分的组成而命名,常见的树脂有(　　)。

(A)环氧　(B)丙烯酸　(C)酚醛　(D)有机硅

80. 绝缘漆可在室温或者高温下干燥或者固化。树脂种类有(　　)。

(A)有机溶剂基　(B)水基　(C)乳液类　(D)不饱和聚酯

81. 影响工件白坯电容值的因素有(　　)。

(A)潮气　(B)空气　(C)铜的纯度　(D)绝缘漆

82. 电机绕组的绝缘处理过程包括(　　)。

(A)试验　(B)干燥　(C)浸渍　(D)预烘

83. 电机浸渍的质量决定于(　　)。

(A)浸渍次数　(B)浸渍时间

(C)浸渍时工件的温度　(D)漆的黏度

84. 以下属于电机绕组常用浸渍方法的是(　　)。

(A)真空压力浸　(B)滚浸　(C)沉浸　(D)滴浸

85. 真空压力浸渍能大大提高电机的(　　)。

(A)电气性能　(B)机械强度　(C)防潮性能　(D)导热性能

86. 绝缘处理的设备主要有(　　)等。

(A)烘箱　(B)浸渍罐　(C)吊运设备　(D)专用平车

87. 产品浸漆后具有良好的电气和机械性能,提高了绕组的(　　)的能力。

(A)导热　(B)防潮　(C)抗电晕　(D)抗腐蚀

88. 以下关于工装模具重要度的描述正确的是(　　)。

(A)D类:特殊工装　(B)C类:一般工装

(C)B类:重要工装　(D)A类:关键工装

89. 工装涂色的描述以下正确的说法的有(　　)。

(A)C类:黄色　(B)B类:蓝色　(C)C类:绿色　(D)A类:红色

90. 操作者发现工装模具状态不好时应向(　　)人员反馈。

(A)工艺员　(B)设备员　(C)调度员　(D)工装员

91. 以下属于工装模具不合格表现的有(　　)。

(A)棱边毛刺　(B)形状变形　(C)尺寸超差　(D)表面磨损

92. 绝缘漆按固化方式分类,分为(　　)。

(A)自干型绝缘漆　(B)烘干型绝缘漆

(C)紫外光固化绝缘漆　(D)阻燃漆

93. 按安全性分类,绝缘漆可以分为(　　)。
(A)滴浸漆　(B)无毒漆　(C)无苯漆　(D)阻燃漆
94. 绝缘漆按施工方式分类,分为(　　)。
(A)浸渍漆　(B)滴浸漆　(C)紫外光固化漆　(D)涂覆漆
95. 绝缘漆的选择原则,包括(　　)。
(A)耐热等级　(B)相容性　(C)技术要求　(D)工艺性
96. 绝缘漆的发展方向,(　　)。
(A)发展无公害和低污染绝缘漆
(B)发展节能绝缘漆
(C)发展成本低,加工性好的耐热绝缘漆
(D)发展阻燃绝缘漆
97. 绝缘浸渍漆使用中的注意事项有(　　)。
(A)避免任何有机溶剂和其他绝缘漆的污染
(B)低温储存
(C)避免粉尘等机械杂质混入
(D)无
98. 以下绝缘漆属于现使用的是(　　)。
(A)JF9960　(B)EMS781　(C)T1168　(D)H62C
99. 数据测量误差按实际含义分(　　)。
(A)绝对误差　(B)相对误差　(C)引用误差　(D)随机误差
100. 以下属于浸漆处理工艺的设备的有(　　)。
(A)吊运设备　(B)试验设备　(C)浸漆设备　(D)烘焙设备
101. 按工作量大小设备修理工作可以分为(　　)。
(A)小修　(B)定保　(C)大修　(D)中修
102. 设备操作人员要求的“三好”包括(　　)。
(A)养修好设备　(B)擦拭好设备　(C)管理好设备　(D)使用好设备
103. 以下属于对设备操作人员的要求的是(　　)。
(A)会检查　(B)会排除故障　(C)会使用　(D)会维护
104. 以下属于设备维护保养的要求的是(　　)。
(A)整齐　(B)清洁　(C)润滑　(D)安全
105. 以下属于设备润滑“五定”的主要内容是(　　)和定人。
(A)定点　(B)定质　(C)定量　(D)定时
106. 对设备操作人员“五项纪律”要求有(　　)、发现异常情况立即停机。
(A)实行定人定机　(B)保持设备清洁
(C)管好设备附件　(D)遵守设备交接班制度
107. 起重机司机在严格遵守各种规章制度的前提下,在操作中应做到(　　)、合理。
(A)稳　(B)准　(C)快　(D)安全
108. 根据产品种类不同浸渍 H62 树脂产品进罐温度分为(　　)。
(A)室温　(B)60～65 ℃　(C)35～40 ℃　(D)70～80 ℃

109. 能够测量全压强的仪器有( )。

(A)U 形计 (B)热偶计 (C)电离计 (D)薄膜真空计

110. 前级泵通常采用( )。

(A)旋片泵 (B)液环泵 (C)滑阀泵 (D)罗茨泵

111. 按测试的类型不同,压力传感器可分为( )。

(A)表压传感器 (B)差压传感器 (C)绝压传感器 (D)负压传感器

112. 以下属于真空泵的冷却方式的有( )。

(A)氢气冷 (B)液氮冷 (C)水冷 (D)风冷

113. 浸漆罐一般采用的输漆的方式为( )。

(A)罐口输漆 (B)上输漆 (C)下输漆 (D)罐底输漆

114. 以下属于真空系统组成部分的有( )。

(A)真空机组 (B)真空阀门 (C)真空管路 (D)真空仪表

115. 制冷机使用的介质是( )。

(A)氟利昂 (B)F22 (C)VM100 (D)GS77

116. 以下属于真空压力浸漆罐的罐口密封形式的是( )。

(A)插销式 (B)动圈式 (C)动盖式 (D)互动式

117. 液环真空泵可分为( )。

(A)油环式真空泵 (B)水环式真空泵

(C)一级罗茨泵 (D)二级罗茨泵

118. 以下属于罗茨真空泵的润滑部位有( )。

(A)端盖 (B)轴承处 (C)齿轮 (D)轴封处

119. 以下属于旋转式真空泵的有( )。

(A)干式真空泵 (B)罗茨真空泵

(C)油封式真空泵 (D)液环真空泵

120. 以下属于预烘过程中对时间的考虑的有( )。

(A)烘箱内工件数量 (B)烘箱的温度

(C)工件的大小 (D)烘箱内空气流动的速度

121. 对于绕组烘干的方法中,以下方法常采用( )。

(A)太阳照射法 (B)灯泡烘干法 (C)电流烘干法 (D)烘箱烘干法

122. 以下属于烘箱的常见加热形式的有( )。

(A)电加热 (B)燃气加热 (C)蒸汽加热 (D)太阳能加热

123. 常用( )表示设备电气线路图。

(A)机械图 (B)接线图 (C)原理图 (D)示意图

124. 测量绝缘漆黏度常用( )。

(A)超声波黏度计 (B)旋转黏度计

(C)涂 4 杯黏度计 (D)毛细管黏度计

125. 以下属于绝缘浸渍漆黏度检测测试中的关键项点的是( )。

(A)漆的颜色 (B)测量漆的温度

(C)精确控制漆的温度 (D)漆的气味

126. 适量加入(　　),可以调整有溶剂绝缘漆使用过程中黏度。(黏度不在工艺规定的范围内时)

(A)固化剂　(B)稀释剂　(C)稳定剂　(D)新绝缘漆

127. 介质中的极化包括(　　)。

(A)瞬间极化　(B)松弛极化　(C)电子位移极化　(D)热离子极化

128. 以下属于影响相对介电常数与介质损耗因数的因素的有(　　)。

(A)温度　(B)电压　(C)频率　(D)湿度

129. 电机电性能的项目浸漆车间主要测量的有(　　)。

(A)极化指数　(B)吸收比　(C)介质损耗　(D)电容

130. 绝缘材料的介电性能,主要包括(　　)。

(A)介电系数　(B)电阻系数　(C)介电损耗　(D)击穿强度

131. 制作模卡判断浸漆的质量,通过测试(　　)来予以表征。

(A)固化率　(B)逐级耐压　(C)胶含量　(D)介质损耗

132. 以下属于影响绝缘电阻系数的因素有(　　)。

(A)电场强度　(B)潮湿　(C)杂质　(D)温度

133. 影响测量绝缘电阻准确性的因素有(　　)。

(A)绝缘表面的脏污程度　(B)湿度

(C)温度　(D)测试时间

134. 正确检测电机匝间绝缘的方法是(　　)。

(A)工频对地耐压试验　(B)测量绝缘电阻

(C)中频匝间试验　(D)匝间脉冲试验

135. 电压按照高低可分为(　　)。

(A)高压　(B)低压　(C)安全电压　(D)超高压以及特高压

136. 下面应用于高压的基本绝缘安全用具有(　　)。

(A)低压试电笔　(B)绝缘夹钳　(C)高压试电笔　(D)绝缘棒

137. 以下基本绝缘安全用具应用于低压的有(　　)。

(A)绝缘手套　(B)低压试电笔

(C)高压试电笔　(D)装有绝缘柄的工具

138. 以下影响电气强度的因素的有(　　)。

(A)试验电压的频率、波形和电压施加时间

(B)环境温度、气压和湿度

(C)试样中存在气体杂质,试验电极的几何尺寸

(D)试样的厚度、均匀性和是否存在机械压力

139. 以下属于影响电流对人体伤害程度的因素有(　　)。

(A)电流的大小　(B)人体状况

(C)电压的高低　(D)通电时间的长短

140. 安全色(　　)是表达安全信息含义。

(A)指令　(B)警告　(C)禁止　(D)提示

141. 国家规定的安全色有(　　)。

(A)红 (B)绿 (C)黄 (D)蓝

142. 绝缘材料发生击穿的可能为(　　)。

(A)放电击穿 (B)热击穿 (C)电击穿 (D)冷击穿

143. 脉冲测试仪不能在(　　)使用,以免测量受场的干扰。

(A)强磁场 (B)弱磁场 (C)电场 (D)高温场合

144. 下列关于直流耐压试验的说法正确的是(　　)。

(A)直流耐压试验对绝缘损伤较小

(B)直流耐压试验时,介质中存在较大的电容电流

(C)直流耐压试验不存在介质损耗

(D)直流耐压试验和交流耐压试验可相互替代

145. 钻头的种类按结构分,包括(　　)。

(A)高速钢钻头 (B)硬质合金钻头

(C)嵌刃式钻头 (D)可转位刀片钻头

146. 丝锥按排屑槽的形状分类(　　)。

(A)刃倾角丝锥 (B)普通丝锥

(C)螺旋槽丝锥 (D)挤压丝锥(无排屑槽)

147. 按照精度等级普通外螺纹分为(　　)。

(A)粗糙 (B)中等 (C)精密 (D)标准

148. 按螺距 P 大小同一直径 d 的普通螺纹分为(　　)。

(A)内螺纹 (B)细牙 (C)粗牙 (D)外螺纹

149. 以下属于油漆组成的有(　　)。

(A)分散介质(溶剂、水) (B)颜料

(C)树脂/基料 (D)助剂

150. 按功能作用颜料可以分为(　　)。

(A)体质颜料 (B)防锈颜料 (C)着色颜料 (D)闪烁效果

151. 底漆的作用是(　　)。

(A)提供抗碱性 (B)增加面漆的丰满度

(C)提高面漆的附着力 (D)提供防腐功能

152. 属于表面漆的有(　　)。

(A)1168 (B)193 (C)1357-2 (D)9960

153. 以下属于防晕处理的材料的有(　　)。

(A)防晕带 (B)石棉带 (C)防晕漆 (D)玻璃丝带

154. 覆盖漆的涂覆方法有(　　)。

(A)喷涂 (B)刷涂 (C)浸涂 (D)手抹

155. 以下属于表面漆的关键技术指标的有(　　)。

(A)表面干燥性 (B)细度 (C)黏度 (D)附着性

156. 以下属于涂料的主要作用的有(　　)。

(A)标志作用 (B)装饰作用 (C)保护作用 (D)特殊作用

157. 以下属于电机使用的覆盖漆的要求的有(　　)。

(A)漆膜坚硬　(B)附着力强　(C)干燥快　(D)机械强度高

158. 涂料作用有(　　)。

(A)保护作用　(B)装饰作用　(C)防腐作用　(D)隔离作用

159. 使用表面漆前应确认它的(　　)。

(A)颜色　(B)牌号　(C)保质期　(D)出厂日期

160. 影响表面漆的雾化不好的原因有(　　)。

(A)表面漆太稠　(B)空气量不够　(C)枪嘴太大　(D)压力太低

161. (　　)属于树脂漆膜的物理性能。

(A)耐候性　(B)附着力　(C)光泽　(D)耐溶剂性

162. (　　)是燃烧所需要的条件。

(A)导致着火能源的存在　(B)助燃物质的存在

(C)可燃烧的物质的存在　(D)阳光

163. 以下属于"四不伤害"原则的有(　　)。

(A)不伤害他人　(B)不被他人伤害

(C)不伤害自己　(D)不让他人伤害他人

164. 安全基本知识包含(　　)。

(A)安全法律法规　(B)安全管理

(C)安全科学技术　(D)安全教育

165. (　　)属于安全检查的对象。

(A)人的不安全行为　(B)设备缺陷

(C)环境的不良因素　(D)物的不安全状态

166. 事故应急预案的目的是(　　)。

(A)控制事故的发生　(B)减少事故对员工和居民的环境危害

(C)抑制突发事故的发生　(D)体系认证的需要

167. 一个特定的事故都是由(　　)三个基本要素构成。

(A)人　(B)机　(C)环境　(D)物

168. 以下属于"事故四不放过"原则的有(　　)。

(A)改进措施不落实不放过事　(B)责任人员未处理不放过

(C)事故原因未查清不放过　(D)有关人员未受教育不放过

169. 以下属于"三级安全教育"的有(　　)。

(A)班组级　(B)车间级　(C)公司级　(D)师傅级

170. 关于质量特性的说法,下列陈述正确的是(　　)。

(A)质量特性是定量的

(B)质量特性是指产品、过程或体系与要求有关的固有特性

(C)由于顾客的需求是多种多样的,所以反映产品质量的特性也是多种多样的

(D)质量的适用性建立在质量特性基础上

171. 影响检查结果的主要因素有(　　)。

(A)检查人员　(B)检查方法　(C)检查手段　(D)检测环境

172. 质量检验记录的内容有(　　)。

(A)检验数据　(B)检验日期　(C)检验班次　(D)检验人员签名

173. 下列现象中属于偶然因素的是(　　)。

(A)机床的轻微震动

(B)实验室室温在规定范围内的变化

(C)熟练与非熟练工人的操作差异

(D)仪表在合格范围内的测量误差

174. 提高产品合格率的措施有(　　)。

(A)减少分布中心与公差中心的偏离

(B)扩大规格限范围

(C)提高过程能力指数

(D)缩小加工特性值的分散程度

175. 下列关于质量的说法正确的有(　　)。

(A)质量是一组固有特性满足要求的程度

(B)质量有固有的特性也有赋予的特性,两者之间是不可转化的

(C)质量具有经济性、广义性、时效性和相对性

(D)固有特性就是指某事或某物中本来就有的,尤其是那种永久的特性

176. 直流电机的转子是由(　　)等部分组成,是进行能量转换的重要部分。

(A)电枢铁芯　(B)绕组换向器　(C)转轴　(D)风叶

177. 直流电动机的励磁方式可分为(　　)。

(A)他励　(B)复励　(C)串励　(D)并励

178. 以下属于发电机常用的冷却介质的有(　　)。

(A)空气　(B)氢气　(C)水　(D)油

179. 直流电机定子绕组绝缘结构主要包括(　　)。

(A)引出线绝缘　(B)换向极绝缘

(C)主极绝缘　(D)补偿绕组绝缘以及绕组联线

180. 转子绑扎方法一般有(　　)。

(A)带磁钢丝绑扎　(B)无磁钢丝绑扎

(C)无纬玻璃丝带绑扎　(D)普通钢丝绑扎

181. 相对于钢丝绑扎无纬玻璃丝带绑扎优点有(　　)。

(A)工艺简单、工艺性好　(B)增加绕组的爬电距离,提高绝缘强度

(C)减少端部漏磁　(D)延伸率和弹性模量比钢丝高

182. 交流电机的定子一般包括(　　)。

(A)定子铁芯　(B)定子绕组　(C)机座　(D)换向器

183. 属于电机故障有(　　)。

(A)接地　(B)匝短　(C)轴承损坏　(D)电机振动异音

184.(　　)是引起电机嵌线时电枢线圈匝间短路的主要原因。

(A)铁芯毛刺大　(B)线圈在铁芯槽内位置不符

(C)敲击过重　(D)槽口绝缘破损

185. 以下属于电机的主要结构的有(　　)。

(A)换向器　(B)转子　(C)定子　(D)线圈

四、判 断 题

1. 直流电是指电流的方向始终保持不变，即由正极流向负极。(　)

2. 串联电路之中各处的电流相等，电压不等；并联电路当中各个并联点的电压相等，但并联支路的电流不等。(　)

3. 电导表示导体导通电流能力的大小，电导越大，电阻越小，电导与电阻的关系是互为倒数。(　)

4. 负载的功率等于负载两端的电压和通过负载的电流的乘积。(　)

5. 电压相同的交流电和直流电，直流电对人的伤害大。(　)

6. 表面电阻与绝缘体表面上放置的导体的长度成反比，与导体间绝缘体表面的距离成正比。(　)

7. 绝缘体的体积电阻与导体间绝缘体的厚度成正比，与导体和绝缘体接触的面积成反比。(　)

8. 绝缘电阻不仅与绝缘材料的性能有关，还与绝缘系统的形状和尺寸相关；而电阻率则完全决定于绝缘材料的性能。(　)

9. 380 V 指的是相电压，即相与相间的电压，如 A、B 相间的电压就是 380 V。(　)

10. 非线性电阻的伏安关系特性曲线是一条抛物线。(　)

11. 基尔霍夫电流定律的理论基础是稳恒电流条件下的电荷守恒定律。(　)

12. 基尔霍夫电流定律对于电路中某个封闭回路是不适用的。(　)

13. 在列写基尔霍夫电压方程时，要选定一个绕行方向，即各元件电压降与绕行方向一致的取正，相反取正。(　)

14. 在线性电路中，叠加原理能够适用于电压、电流的计算，不适应于电功率的计算。(　)

15. 通常的说的 1 kW·h 可以这样理解：额定功率为 1kW 的电器在额定状态下工作 10 h，所消耗的电能。(　)

16. 电路中所有元件所吸收的电功率有正值有负值。(　)

17. 线圈中的感应电动势方向与穿过线圈的磁通方向符合右手定则。(　)

18. 右手螺旋定则是这样描述的：伸开左手手掌，让磁力线垂直穿过手心，使拇指与其他四指垂直，四指伸直指向电流方向，则拇指的指向是导体的受力方向。(　)

19. 根据欧姆定律，电介质的电阻 $R=I/U$，电导 $G=1/R$。(　)

20. 线路上淡蓝色代表工作零线，接地圆钢或扁钢涂黄绿双色，黑色绝缘导线代表保护线。(　)

21. 由三个频率相同，振幅相等，相位依次互差 360°的交流电势组成的电源，称为三相交流电源。(　)

22. 三相交流电的幅值、频率相同，相位相差 60°。(　)

23. 磁感应强度(磁力)线是有头有尾、连续的闭合曲线，每根磁感应强度(磁力)线都不与任何其他磁感应强度线相交。(　)

24. 铁磁物质的被磁化能力与温度有关，当温度增加则被磁化能力加强。(　)

25. 如果载流导体与磁场方向平形,导体受电磁力为无穷大。(　　)

26. 要使载流导体在磁场中受力方向发生变化可采取改变电流方向不能采取磁感应强度的方向方法。(　　)

27. 不是所有复杂的零件都可以看作由若干个基本几何体组成。(　　)

28. 加工或装配过程中所使用的基准称为工艺基准。(　　)

29. 形位公差的基准要素是指用来确定被测要素位置,不能确定方向的要素。(　　)

30. 零件加工表面粗糙度要求越高,生产成本就提高。(　　)

31. 公差等于最大极限尺寸与0的代数差。(　　)

32. 将零件向不平行任何基本投影面所得的视图称为正视图。(　　)

33. 形状公差符号"○"表示平行度。(　　)

34. 用剖切平面局部地剖开机件所得的剖视图称为全剖视。(　　)

35. 标注尺寸时允许出现封闭的尺寸链。(　　)

36. 位置公差符号"//"表示垂直度。(　　)

37. 带传动具无过载时会产生打滑现象的特点。(　　)

38. Word 文档的扩展名是".ppt"。(　　)

39. 在 Word 的编辑状态中,"复制"操作的组合键是"Ctrl+V"。(　　)

40. 和局域网相比,广域网有效性好可靠性也高。(　　)

41. 绝缘老化的方式主要有自然老化、热老化和电老化三种。(　　)

42. 绝缘材料在使用过程中出现剥层、表面打折的现象不会导致绝缘性能下降。(　　)

43. 绝缘材料是绝缘电阻很小的材料。(　　)

44. 绝缘材料的耐热性是指绝缘材料及其制品承受一定温度而不致损坏的能力。(　　)

45. 绝缘材料超过储存期应重新检验,合格后允许使用。(　　)

46. 电气性能试验根据施加电压的方法分为快速升压试验和逐级升压试验。(　　)

47. 电机浸渍的质量决定于浸渍工件的温度、漆的黏度、浸渍次数和时间,工件温度越高越好。(　　)

48. 常用有机溶剂和稀释剂多数具有易燃、易爆、有毒等特点,而TX-228并无此特点。(　　)

49. 苯、甲苯、二甲苯均可作为聚酯漆、醇酸漆的溶剂。(　　)

50. 生产前根据工艺文件在设备上设定相应的参数。(　　)

51. 牵引电机定子浸漆前检查项点包括铁芯表面是否损伤,线圈是否损伤、变形,槽楔是否松动,传感器线是否完好。(　　)

52. 工件进罐前,必须清除掉工件表面的各种杂质。(　　)

53. 工装装配前必须检查工装与工件配合面是否有毛刺。(　　)

54. 任何浸渍漆的黏度都是用溶剂或稀释剂来调节的。(　　)

55. 有溶剂漆黏度偏高,可通过添加新漆和稀释剂来调整,根据黏度调整结果确定添加量。(　　)

56. T1168 绝缘漆的优点是机械强度大,硬、韧,但含有机溶剂,对环境有污染。(　　)

57. 浸渍漆分为有溶剂漆、无溶剂漆、表面漆。(　　)

58. 浸渍漆的黏度通常是用溶剂和稀释剂来调节的。(　　)

59. 绝缘漆属于生活物品,侵入途径包括:吸入、食入、经皮肤吸收。(　　)

60. 绝缘漆与皮肤接触急救措施是脱去污染的衣物，用二甲苯和清水冲洗皮肤。（ ）

61. 绝缘漆与眼睛接触急救措施是提起眼睑，用大量二甲苯冲洗，如仍感刺激应及时就医。（ ）

62. 吸入二甲苯后急救措施是迅速离开现场到空气清新处，如呼吸困难等给输氧。（ ）

63. 误食入二甲苯后急救措施是立即漱口饮水，就医、洗胃。（ ）

64. 当漆液接触人体皮肤和眼睛时，用大量二甲苯冲洗，严重时去医院救治。（ ）

65. 工件预烘后不能直接进罐，必须冷却至工艺要求的温度范围内。（ ）

66. 定子传感器线可以全部浸入漆液位以下。（ ）

67. 设备应对人定岗操作，对本工种以外的设备，须经有关部门批准，并经培训后方可操作。（ ）

68. 操作浸漆设备前应检查设备或工作场地，避免意外发生。（ ）

69. 定子铁芯线圈装配吊运时一般使用钢丝绳吊具。（ ）

70. 装拆工装时天车操作人员根据经验操作设备。（ ）

71. 使用绳索吊具时随便选择个吊具，然后检查吊具是否完好。（ ）

72. 工件与工装装配时必须两人操作，扶好工件，多人指挥天车。（ ）

73. 工件翻身时需使用翻身机，翻身时注意保证线圈端部不受力。（ ）

74. 工件在任何位置都可以翻身。（ ）

75. 真空压力浸漆后再进行普通浸漆，主要是为了加强表面密封，提高防潮能力。（ ）

76. 两次普通浸漆时，两次漆的黏度可以相同。（ ）

77. 浸渍漆的黏度越大，渗透性就越差，工件的浸漆质量就越好。（ ）

78. 普通浸渍时要根据工艺选择合适的工件温度。（ ）

79. 真空压力浸漆即可避免在预烘后浸漆前的吸潮，又可缩短浸渍时间和提高浸透能力。（ ）

80. 采用真空压力浸渍的电机绝缘整体性好，电气、机械性能与导热性优良。（ ）

81. 经真空压力浸漆的电机防潮能力较强。（ ）

82. 浸漆过程不属于关键过程。（ ）

83. 浸渍漆在使用过程中的固化时间变得越短越好，这样可以缩短烘焙时间。（ ）

84. 一般说来，绝缘漆的选择不用与浸渍方法的选择结合起来。（ ）

85. 牵引电机浸渍漆的漆膜越薄，产品的性能越好。（ ）

86. 沉浸工艺方便且应用广泛，但是浸渍质量不如真空压力浸渍，浸漆灌一次投漆量也较多。（ ）

87. 滴浸是将工件沉入漆液内，利用漆液压力和绕组毛细管作用，达到漆的渗透和填充。（ ）

88. 普通浸漆时，要求绝缘漆的黏度越大越好。（ ）

89. 普通浸漆第一次浸漆的时间应长一些，第二次浸漆的时间可以比第一次短。（ ）

90. 输漆时绝缘漆温度过高，漆的黏度大，流动性和渗透性差，影响浸漆效果。（ ）

91. 牵引电机在浸完漆后不用滴漆。（ ）

92. EMS781 浸渍树脂的产品进罐温度一般是 80～90 ℃。（ ）

93. H62 浸渍树脂的产品进罐温度一般是 25～40 ℃。（ ）

94. 储漆罐的绝缘漆制冷方式有直接制冷和自然制冷两种。（ ）

95. T1168 绝缘漆输漆时漆温控制在 45～50 ℃。( )

96. JF9960 浸渍树脂输漆时温度控制在 55～60 ℃。( )

97. 真空压力浸漆时,真空干燥的作用是排除绝缘中的水分和空气。( )

98. 真空干燥过程中,因故障保真空时间相差一半,故障排除后,保真空时间可按照工艺要求的一半进行。( )

99. 储漆罐液位计"0"位是设定最低位置。( )

100. 绝缘漆只能通过热交换器来加热。( )

101. 真空压力浸漆时,压力的作用是排除空气中的水分。( )

102. 真空压力浸漆过程中,加压时可直接用高压风。( )

103. 在浸漆的压力浸漆过程中发现浸渍漆液位降低至需浸渍的部位露出浸渍液面,需补充足够浸渍漆,继续加压。( )

104. 储漆罐添加稀释剂后,浸漆设备必须小循环 1～2 小时。( )

105. VPI 设备运行时非运行操作人员可以操作部分按键和开关,运行操作人员必须按工艺要求输入各种参数并做好各种记录,确保工件的 VPI 质量和可追溯性。( )

106. 设备操作者在工件浸漆时要认真监控设备参数,保存浸漆历史曲线,不用并填写 VPI 工艺记录。( )

107. 每罐次浸漆结束后,需将工件号、操作者等信息录入浸漆曲线,并保存曲线。( )

108. 通用工艺参数录入浸漆程序后可以随便更改。( )

109. 真空压力浸漆设备中液压站是浸漆罐盖开、关、松、紧的动力。( )

110. 浸漆设备真空机组冷却的工作介质是乙二醇水溶液。( )

111. 浸漆罐分为立式、卧式、侧式三种。( )

112. 真空机组由初级泵、罗茨泵、循环泵组成。( )

113. 真空压力浸漆设备运行的电源电压是 380 V。( )

114. 罗茨泵可以在常压下启动。( )

115. 油环泵的工作介质为酒精。( )

116. 经浸渍漆浸渍过后的电机烘焙温度越高越好。( )

117. 对 F 级所用绝缘漆的烘焙温度一般为 200 ℃。( )

118. 工件在预烘焙过程中,烘焙温度是不可调整的。( )

119. 电机在烘焙过程中,温度越高绝缘电阻就越小。( )

120. 工件进烘箱烘焙前,必须检查烘焙支架是否水平,烘焙支架滚轮是否转动灵活,支架是否有缺陷。( )

121. 工件的烘焙方式分为静止烘焙、电加热烘焙和旋转烘焙。( )

122. 旋转烘焙的作用是减少绝缘漆的挂漆量。( )

123. 直流定子经浸渍漆浸渍后烘焙时间越长对产品的性能越好。( )

124. 工件烘白坯时可以用橡胶做垫块。( )

125. 烘焙温度过高会损坏电机的绝缘。( )

126. A/D 转换器的品种很多,常用的是双积分式 A/D 转换器(V/T 转换型)。( )

127. A/D 转换器任务是使连续变化的模拟量转换成断续变化的数字量。( )

128. 温度变进器是由电动单元组合仪表中变送单元的一个品种。( )

129. 对浸渍不同绝缘漆的电机，烘焙温度一般相同。(　　)

130. 用涂 4 杯黏度计测黏度时，时间越长，黏度越大；时间越短，黏度越小。(　　)

131. 介质损耗包括泄露电流引起的电阻损耗和介质分子摩擦引起的极化损耗。(　　)

132. 用兆欧表测量绝缘电阻前电气设备可以不切断电源。(　　)

133. 用万用表的欧姆档能判断绕组是否存在匝间短路和接地现象。(　　)

134. 当三相绕组的相间绝缘电阻低于 50 MΩ 时，电机的相间绝缘一定损坏了。(　　)

135. 绕组绝缘电阻的大小能反映电机在热态的绝缘质量，不能反映时冷态的绝缘质量。(　　)

136. 测量三相异步电动机绕组对地绝缘电阻就是测量绕组对转子的绝缘电阻。(　　)

137. 普通三相异步电动机在修理时，若测得绕组对地绝缘电阻小于 0.38 MΩ，则说明电机绕组已经受潮。(　　)

138. 用兆欧表测量绝缘电阻时，兆欧表的额定电压越高越好。(　　)

139. 电阻的大小还和温度、湿度等因素有关，一般来说对于同一电阻温度越高时电阻值越大，湿度越大时阻值越大。(　　)

140. 测量绝缘电阻通常使用匝间耐压仪。(　　)

141. 定子进行浸水试验的目的是检查绕组绝缘的机械性能。(　　)

142. 需浸水的工件，水位能超过整个线圈的 1/2 即可。(　　)

143. 电机绕组嵌线后禁止进行对地耐压和匝间耐压检查。(　　)

144. 用万用表的欧姆档能判断绕组是否存在匝间短路和接地现象。(　　)

145. 三相异步电动机的绕组发生匝间短路时，三相电流将不平衡。(　　)

146. 直流电机的匝间耐压试验就是高频耐压试验。(　　)

147. 耐压试验要求电压准确、平稳地升到所要求的电压值，并维持规定时间。(　　)

148. 绝缘靴(鞋)或手套不得与石油类的油脂接触，合格的与不合格的绝缘手套、绝缘靴不能混放在一起，以免使用时拿错。(　　)

149. 在使用电压高于 36 V 的手电钻时，必须戴好绝缘手套，穿好绝缘鞋。(　　)

150. 电机进行耐压试验是指测试部件与电机其他部分的耐压，试验完成后，不需要对地放电。(　　)

151. 定子浸漆工装和旋烘工装的止口配合面不需要清理干净，允许有漆瘤存在。(　　)

152. 为保证电机外观质量，只需将定子外表面擦拭干净。(　　)

153. 转子出罐后，需将转轴表面打磨光滑。(　　)

154. 主发转子浸漆后平衡槽内残余绝缘漆不需要清理。(　　)

155. 上岗前需穿戴好工作服、工作裤、劳保鞋，打磨和喷漆时可以不带防毒面具。(　　)

156. 工件在运输过程线圈发生磕碰伤，由专业操作人员处理。(　　)

157. 铁芯表面的漆膜在清理时，需将与机座配合部位清理干净。(　　)

158. 铁芯线圈类定子线圈表面漆瘤必须清理干净。(　　)

159. 螺纹的检测，对于一般标准螺纹，都采用螺纹环规或塞规来测量。(　　)

160. 逆时针方向旋进的螺纹称为左旋螺纹。(　　)

161. 凡牙型、直径和螺距符合企业标准的称为标准螺纹。(　　)

162. 浸漆烘焙后所有的螺孔都不可以用风扳机过丝。(　　)

163. 钻头按柄的类型分为直柄和锥柄。(   )

164. M24×2 表示直径为 24 mm,螺距为 2 mm 的粗牙螺纹。(   )

165. 攻丝时必须用手拧入相应位置的螺孔中 10 扣以上,然后用十字绞手或风枪进行再攻丝。(   )

166. 所有大于 M8 的螺孔都可以用风动扳手攻丝。(   )

167. 螺纹标准有公制和英制两种。国际标准采用公制,中国也采用公制。(   )

168. 牵引电机中使用的绝缘漆只有浸渍漆和覆盖漆。(   )

169. 常用覆盖漆按是否含有填料或颜料可分为清漆和瓷漆。(   )

170. 硅钢片漆用于涂覆硅钢片,以降低铁芯的涡流损耗。(   )

171. 空气喷涂表面漆时,压缩空气压力必须调整到最小。(   )

172. 空气喷涂表面漆时,必须使用干燥的压缩空气。(   )

173. 表面漆使用前可以不搅拌直接使用。(   )

174. 表面漆黏度大小对喷涂没有影响。(   )

175. 双组分表面漆按需调配,在工艺规定时间内使用完。(   )

176. 表面漆使用前必须摇晃均匀,以防漆液长期放置发生变质现象。(   )

177. 对进入或进入生产过程产生有害气体、粉尘、噪声等的场所或设备设施,必须使用防尘、防毒装置和采取安全技术措施,并保证可靠有效。(   )

178. 在绝缘处理过程中受压容器及管道由于安装不妥,安全装置失灵易于产生爆炸事故。(   )

179. 在有毒物地带作业时,操作者应按工艺和操作规程要求严格做好个人防护工作。(   )

180. 高压设备发生接地故障时,室内各类人员应距故障点大于 4 m 以外,室外人员则应距故障点大于 8 m 以外。(   )

181. 员工培训的评价,只要按照不同的岗位、不同层次确定员工技能培训内容、培训方式、评价标准和方法就行,不用持续改善。(   )

182. 标准作业是以设备的动作为中心、按没有浪费的操作顺序进行生产的方法,是管理生产现场的依据,也是改善生产现场的基础。(   )

183. 作业节拍是由市场销售情况决定的,与生产线的实际加工时间、设备能力、作业人数等有关。(   )

184. 温度的升高,铜、铝的电阻率不变。(   )

185. 三相异步电动机旋转磁场的转向是由电源的相序决定的,运行中若旋转磁场的转向改变了,转子的转向也随之改变。(   )

186. 三相负载接于三相供电线路上的原则是:若负载的额定电压等于电源线电压时,负载应作△联结;若负载的额定电压等于电源相电压时,负载应作 Y 联结。(   )

187. 笼形异步电动机在运行时,转子导体不存在电动势及电流,因此转子导体与转子铁芯之间不需要绝缘。(   )

188. 直流电机中改善换向的主要方法是安装换向极、移动电刷位置、采用补偿绕组、选用合适的电刷。(   )

189. 定子匝间试验过程中造成绝缘击穿的原因是匝间电压过低或匝间绝缘损坏。(   )

190. 直流牵引电动机的调速是通过调节端电压和削弱磁场来实现的。(   )

五、简 答 题

1. 浸漆处理的原理是什么？
2. 浸漆处理作用是什么？
3. 电机绕组进行浸漆处理有什么目的？
4. 牵引电机在浸漆处理后，为什么机械强度提高了？
5. 绝缘材料老化是指什么？
6. 用电设备中所用的绝缘材料和绝缘结构，有什么作用？
7. 根据 GB/T 11021—2006，绝缘材料耐热性分级可分为哪几级？
8. 电气线路中的短路指的是什么？
9. 名称解释：脱模剂。
10. 哪些因素会造成绝缘电击穿？
11. 介电常数是什么？
12. 在绝缘处理过程中易于产生爆炸事故有几种，哪几种？
13. 哪些措施可以预防有机溶剂和稀释剂的毒性对人的影响？
14. 稀释剂作用是什么？
15. 什么是滴浸？
16. 输漆时是否要对浸渍漆进行加热？为什么？
17. 沉浸是什么？
18. 真空压力浸漆时，真空的目的是什么？
19. 真空压力浸漆时，压力的作用是什么？
20. 真空压力浸漆设备中，冷凝器有什么作用？
21. 真空压力浸漆设备中，罐壁加热系统的作用是什么？
22. 真空压力浸漆时加压为什么不可以直接使用高压压缩空气？
23. 回漆时对浸渍漆进行冷却目的是什么？
24. 哪些因素决定浸渍次数的选取？
25. VPI 设备包括哪些系统？
26. 普通浸渍工艺过程是什么？
27. 真空压力浸漆工艺过程有哪些关键步骤？
28. 浸漆前浸漆罐是否需要进行罐体加热？为什么？
29. “真空压力浸渍”的英文缩写及压力的全拼是什么？
30. 压力与真空度有什么关系？
31. 真空计按测量原理分哪两种？分别是什么原理？
32. 间接测量真空计有哪些？
33. 麦克劳真空计按测量原理是什么真空计，具体是什么真空计？
34. 皮拉尼真空计按测量原理是什么真空计，具体是什么真空计？
35. 现车间使用的初级泵有哪些，所用润滑油分别是什么？
36. 真空是什么？
37. 真空泵的用途是什么？

38. 真空泵停机时是否要在进口端打开气镇阀？为什么？
39. 名词解释:真空泵。
40. 机械式真空泵是什么？
41. 罗茨真空泵是什么类型的真空泵？
42. 什么决定罗茨泵的极限真空？
43. 旋转式真空泵的工作原理是什么？
44. 往复式真空泵是什么？
45. 什么是真空泵的抽气速率？
46. 真空泵的极限压力(极限真空)是什么？
47. ZJ300 表示什么？
48. 什么是真空计？
49. 名词解释:绝缘电阻。
50. 哪些设备和仪器可以检测电机绕组绝缘？
51. 用电桥测量电机的电阻时应怎样操作？为什么？
52. 绝缘电阻测量有什么目的？
53. 绝缘吸收比是什么？
54. 名词解释:极化指数。
55. 如何判断兆欧表的状态是否正常？
56. 怎样检查绝缘手套状态是否良好？
57. 涂 4 黏度杯的检测时间和黏度的关系是怎样的？
58. 凝胶时间低于指标值下限时,会造成什么后果？
59. 什么是局部放电起始电压和熄灭电压？
60. 常用的旋转烘焙烘箱旋转装置有哪几种？
61. 电机浸漆的干燥时间与什么有关？如何制定烘焙时间？
62. 浸漆能够提高绝缘的耐热性和稳定性的原理是什么？
63. 无溶剂漆在烘焙时可不可以直接高温烘焙？为什么？
64. 什么是黏度？
65. 利用万用表进行电压测量有哪些注意事项？
66. 怎样减少绝缘漆的流失？
67. 覆盖漆有什么作用？
68. 浸漆处理场地的安全措施包括哪些？
69. 浸漆处理中的劳保和环保有哪些要求？
70. 什么样的钢丝绳必须报废并停止使用？

六、综 合 题

1. 浸漆过程中,工件温度为什么不宜过高或过低？
2. 绝缘漆黏度偏低和偏高会对电机造成什么影响？
3. 浸漆后电机绕组绝缘的导热性是否能改善？为什么？
4. 浸漆过程中进行电容值变化反映什么？

5. 简述有溶剂和无溶剂漆的特点。

6. 浸渍漆的基本要求是哪些？

7. 简述真空压力浸漆设备的浸漆罐、储漆罐和加压装置的组成和作用。

8. VPI 设备的工作原理是什么？

9. 普通浸漆有时为什么没有浸透？

10. 牵引电机定、转子在浸漆处理过程中要首先进行预烘的目的是什么？

11. 浸漆设备中的冷凝器的作用是什么？冷却剂是什么？最重要特性是什么？为什么要选择好的冷凝器？

12. 绝缘材料分为八大类，分别是什么？

13. 简述 VPI 设备的基本组成。

14. 用于牵引电机的绝缘材料及其组合而成的绝缘结构，有哪些要求？

15. 简述测试绝缘漆和铜的反应的目的及意义。

16. 测试绝缘漆在密闭或敞口容器中的稳定性有什么意义？

17. 绝缘漆酸值测试有什么目的及意义？

18. 真空压力浸漆过程中设备发生故障，如何处理？

19. 对于绝缘漆厚层固化能力测试项目有哪些，其目的是什么？

20. 浸渍漆的黏度测试在制造和应用过程中有什么意义？

21. 浸渍漆的凝胶时间测试的意义有哪些？

22. 无溶剂浸渍漆采用真空压力浸漆有什么作用？为什么？

23. 有溶剂浸渍漆的黏度大小与浸渍质量有什么关系？

24. 浸渍漆在使用中有哪些注意事项？

25. 用涂 4 黏度杯如何测量漆的黏度？

26. 电机在预烘过程中绝缘电阻是如何变化的？

27. 用兆欧表测量绕组对地的绝缘电阻分哪几步？

28.“班后六不走”是什么？

29. 对起重工作的一般安全要求有哪项？

30. 起重机司机操作中要做到“十不吊”的内容包括什么？

31. 在哪六种情况下，起重机司机应发出警告信号？

32. 论述起重机工作完毕后，司机应遵守的规则有哪些。

33. 说明喷涂表面漆后漆膜脱落的主要原因及解决办法。

34. 说明喷涂表面漆产生流挂的原因及预防措施。

35. 在车间里要杜绝燃烧和爆炸的可能性，哪些措施可以避免产生火花？

绝缘处理浸渍工(高级工)答案

一、填 空 题

1. 交流电　2. 变化　3. 220 V　4. 相与地
5. 50 mA　6. 并联　7. 测量机构　8. 比例关系
9. 铜耗　10. 负载电流　11. 乏尔　12. 右手定则
13. 大　14. 小　15. 电流　16. 电压
17. 相反　18. 功率　19. 电动势　20. 安培定则
21. 有电　22. 断路　23. 左视图　24. 剖切面
25. 局部放大图　26. 不应该　27. 局部　28. 粗实
29. 装配　30. 统一的精度标准　31. 标准公差　32. 孔公差带
33. 过盈　34. 全剖视　35. 高度特性　36. 组合
37. N　38. 极限　39. 中碳钢　40. 塑性变形
41. 排水法　42. 绝缘　43. 工艺　44. 绝缘
45. 电击穿　46. 化学变化　47. 破坏　48. 高温
49. 8.854×10^{-12}　50. 介质损耗因数　51. 磁性　52. 击穿
53. 耐热　54. 电容率　55. 局部放电　56. 电场强度
57. 耐热等级　58. 不同　59. 线匝　60. 绝缘材料
61. 电阻　62. 击穿法　63. 合成油　64. 合成纤维纸
65. 乙烯基甲苯　66. 不可逆　67. 稀释剂　68. 树脂
69. 耐溶剂　70. 合成橡胶　71. 散热　72. 酸酐
73. 活化处理　74. 工作　75. 致密　76. 绝缘
77. 内层　78. 部件　79. 200 ℃　80. 合成树脂
81. 绝缘漆　82. 溶剂　83. 防静电　84. 操作规程
85. 喷漆　86. 图纸　87. 检验规程　88. 防护
89. 操作方法　90. 涂 4 黏度杯　91. 故障　92. 黏度
93. 绝缘性能　94. 防静电　95. 有机硅树脂　96. 亚胺树脂
97. 聚丁二烯树脂　98. 2　99. 灵敏　100. 灵敏度
101. 基本误差　102. 清洁　103. 螺纹塞规　104. 液压缸驱动
105. 记忆功能　106. 无溶剂绝缘漆　107. 滴浸　108. 渗透性
109. 绕组内部　110. 渗透　111. 真空度　112. 内部空隙
113. 浸渍材料　114. 加热　115. 间接　116. 绝缘层
117. 气体分子　118. 全压强　119. 气体　120. 压差
121. 溶剂　122. 液位计　123. 渗透能力　124. 介电常数

125. 渗透性 126. 干燥压缩空气 127. 浸渍时间 128. 质量记录
129. 卧式 130. 多级 131. 压力式 132. 密封
133. 精过滤器 134. 气动式球阀 135. 不可以 136. 乙二醇水溶液
137. 温度 138. 减少 139. 介质损耗 140. 热风循环
141. 两个 142. 不同 143. 有溶剂漆 144. 渗透性
145. 台式 146. 带微处理器 147. 电磁波 148. 连续调节
149. 温度信号 150. 信号输出端 151. 吸附法 152. 多微孔
153. 固体含量 154. 直径 155. 调整 156. 名称
157. 浸漆质量 158. 介质损耗角正切值 159. 浸漆质量
160. 顺时针 161. 绝缘电阻 162. 绝缘电阻 163. 接地端
164. 降低 165. 绝缘层 166. 相对运动能力 167. 禁止
168. 性质 169. 化学反应 170. 定期 171. 最低温度
172. 防爆型 173. 化学作用 174. 死亡 175. 不高
176. 呼吸道 177. 上呼吸道黏膜 178. 消化道 179. 感应电势
180. 电枢反应电势 181. 旋转电枢式 182. 感应电动势 183. 均压线
184. 下降 185. 启动电流 186. 不对称 187. 并励
188. 定子表面空间 189. 大于 190. 励磁电流

二、单项选择题

1. C 2. B 3. A 4. D 5. B 6. C 7. C 8. C 9. B
10. B 11. C 12. A 13. A 14. C 15. D 16. A 17. C 18. A
19. B 20. C 21. A 22. C 23. D 24. A 25. A 26. D 27. A
28. C 29. A 30. C 31. A 32. B 33. D 34. B 35. A 36. A
37. A 38. C 39. A 40. C 41. A 42. C 43. C 44. B 45. A
46. C 47. D 48. A 49. B 50. C 51. B 52. A 53. A 54. B
55. D 56. A 57. C 58. A 59. B 60. A 61. C 62. A 63. D
64. A 65. D 66. D 67. B 68. C 69. A 70. A 71. C 72. C
73. B 74. A 75. A 76. D 77. C 78. B 79. A 80. A 81. A
82. B 83. C 84. C 85. C 86. A 87. D 88. B 89. B 90. B
91. B 92. B 93. B 94. A 95. A 96. C 97. C 98. C 99. B
100. B 101. C 102. C 103. C 104. A 105. B 106. D 107. C 108. D
109. D 110. C 111. B 112. D 113. A 114. D 115. A 116. C 117. C
118. C 119. C 120. D 121. D 122. B 123. D 124. D 125. B 126. D
127. C 128. A 129. B 130. D 131. C 132. C 133. A 134. A 135. D
136. C 137. C 138. C 139. B 140. B 141. C 142. B 143. C 144. A
145. B 146. C 147. D 148. A 149. C 150. D 151. A 152. C 153. C
154. D 155. B 156. A 157. A 158. B 159. C 160. C 161. B 162. A
163. B 164. B 165. C 166. B 167. C 168. A 169. D 170. A 171. D
172. D 173. A 174. B 175. D 176. A 177. C 178. B 179. A 180. B

181. C　182. A　183. A　184. A　185. C　186. A　187. C　188. A　189. D　190. A

三、多项选择题

1. BCD　2. AD　3. ABD　4. ABC　5. AC　6. ABCD　7. ABCD
8. ABCD　9. ABCD　10. ABD　11. AB　12. ACD　13. ABC　14. ABCD
15. BCD　16. ABCD　17. ABCD　18. BCD　19. ABCD　20. ACD　21. BCD
22. ABD　23. BCD　24. ABCD　25. BCD　26. BD　27. ABCD　28. ABCD
29. ABD　30. ACD　31. ABCD　32. ABCD　33. ABCD　34. ABCD　35. ABD
36. BCD　37. ABC　38. ABC　39. ABCD　40. ABC　41. ABCD　42. ABCD
43. ABCD　44. ABCD　45. ABCD　46. ABCD　47. ABCD　48. ABCD　49. ABC
50. ABCD　51. ABCD　52. AC　53. AC　54. AB　55. BCD　56. ABCD
57. ABC　58. ABCD　59. ABC　60. ABCD　61. ABCD　62. AD　63. BCD
64. BCD　65. BD　66. ABCD　67. ABCD　68. ABC　69. ABC　70. ACD
71. ABCD　72. AB　73. ABCD　74. ABCD　75. ABCD　76. ABCD　77. ABC
78. ABCD　79. ABCD　80. ABC　81. AB　82. BCD　83. ABCD　84. ABCD
85. ABCD　86. ABCD　87. ABCD　88. BCD　89. ABD　90. AD　91. ACD
92. ABC　93. BCD　94. ABCD　95. ABCD　96. ABCD　97. ABC　98. ABCD
99. ABC　100. ACD　101. ACD　102. ACD　103. ABCD　104. ABCD　105. ABCD
106. ABCD　107. ABCD　108. BD　109. ABCD　110. ABC　111. ABC　112. CD
113. ABCD　114. ABCD　115. AB　116. BC　117. AB　118. BCD　119. ABCD
120. ABCD　121. BCD　122. ABC　123. BC　124. BC　125. BC　126. BD
127. ABCD　128. ABCD　129. ABCD　130. ABCD　131. ABCD　132. ABCD　133. ABCD
134. CD　135. ABCD　136. BCD　137. ABD　138. ABCD　139. ABCD　140. ABCD
141. ABCD　142. ABC　143. AC　144. AC　145. ABCD　146. ABCD　147. ABC
148. BC　149. ABCD　150. ABCD　151. ABCD　152. BC　153. AC　154. ABC
155. ABCD　156. ABCD　157. ABCD　158. ABCD　159. ABCD　160. ABCD　161. ABCD
162. ABC　163. ABCD　164. ABC　165. ABD　166. BC　167. ABC　168. ABCD
169. ABC　170. BCD　171. ABCD　172. ABCD　173. ABD　174. ABCD　175. ACD
176. ABCD　177. ABCD　178. ABC　179. ABCD　180. BC　181. ABC　182. ABC
183. ABCD　184. ABC　185. BC

四、判断题

1. √　2. √　3. √　4. √　5. ×　6. √　7. √　8. √　9. √
10. ×　11. √　12. √　13. ×　14. √　15. ×　16. ×　17. ×　18. √
19. ×　20. ×　21. ×　22. ×　23. ×　24. ×　25. ×　26. ×　27. ×
28. √　29. ×　30. ×　31. ×　32. ×　33. ×　34. ×　35. ×　36. ×
37. ×　38. ×　39. ×　40. ×　41. ×　42. ×　43. ×　44. ×　45. √
46. √　47. ×　48. ×　49. √　50. √　51. √　52. √　53. √　54. ×

55.√　56.√　57.×　58.×　59.×　60.×　61.×　62.√　63.√
64.×　65.√　66.×　67.√　68.√　69.×　70.×　71.×　72.×
73.√　74.×　75.√　76.√　77.×　78.√　79.√　80.√　81.√
82.×　83.×　84.×　85.×　86.√　87.×　88.×　89.√　90.×
91.×　92.×　93.×　94.×　95.×　96.×　97.√　98.×　99.√
100.×　101.×　102.×　103.√　104.√　105.×　106.×　107.√　108.×
109.√　110.√　111.×　112.×　113.√　114.×　115.×　116.×　117.×
118.×　119.×　120.√　121.×　122.×　123.×　124.×　125.√　126.√
127.√　128.√　129.×　130.√　131.√　132.×　133.×　134.×　135.×
136.×　137.√　138.×　139.×　140.×　141.√　142.×　143.×　144.×
145.√　146.×　147.√　148.√　149.√　150.×　151.×　152.×　153.×
154.×　155.×　156.√　157.√　158.×　159.√　160.×　161.×　162.×
163.√　164.×　165.×　166.×　167.√　168.×　169.√　170.√　171.×
172.√　173.×　174.×　175.√　176.×　177.√　178.√　179.√　180.√
181.×　182.×　183.×　184.×　185.√　186.√　187.×　188.√　189.×
190.√

五、简 答 题

1. 答:将绝缘中的水分、空气、溶剂等除去,用绝缘漆填充空隙并在表面形成结构致密的漆膜(5分)。

2. 答:由于绕组绝缘表面形成了结构致密的漆膜,可延缓绝缘材料的氧化作用和其他化学反应,从而提高了绝缘的耐热性和化学稳定性,降低了老化速度,延长了电机绝缘的使用寿命(5分)。

3. 答:提高绕组的耐潮性(1分);提高绕组的电气强度(1分);提高绕组的耐热性和导热性(1分);提高绕组的机械强度(1分);提高绕组的化学稳定性(1分)。

4. 答:浸漆处理的电机绕组绝缘粘接成整体,使牵引电机在机车运行振动、电磁力等的作用下避免了绝缘松动或移动,从而避免了电机绕组绝缘的磨损,大大加强了电机绕组绝缘的机械强度(5分)。

5. 答:在电机的使用过程中,由于各种因素的作用,使绝缘材料发生较缓慢的,而且是不可逆的变化,使材料的性能逐渐下降且低于规定值(5分)。

6. 答:就是把不同电位的各个带电部件间以及同机壳、铁芯等不带电的部件隔开 ,以确保电流能按规定的路径流通(5分)。

7. 答:绝缘材料耐热性可分为10级,分别为70、90、105、120、130、155、180、200、220、250。(5分)。

8. 答:短路是指电气线路中相线与相线,相线与零线或大地,在未通过负载或电阻很小的情况下相碰或搭接,造成电气回路中电流大量增加的现象(5分)。

9. 答:脱模剂是为防止成型的复合材料制品在模具上黏着,而在制品与模具之间施加一类隔离膜,以便制品很容易从模具中脱出,同时保证制品表面质量和模具完好无损(5分)。

10. 答:(1)电压的高低,电压越高越容易击穿(1分)。

(2)电压作用时间的长短,时间越长越容易击穿(1分)。

(3)电压作用的次数,次数越多电击穿越容易发生(0.5分)。

(4)绝缘体存在内部缺陷,绝缘体强度降低(0.5分)。

(5)绝缘体内部场强过高(1分)。

(6)与绝缘的温度有关(1分)。

11. 答:又称为电容率,是描述电介质极化的宏观参数(5分)。

12. 答:两种(1分)。一是受压容器及管道由于安装不妥,安全装置失灵等原因引起爆炸(2分);另一种是易燃和可燃性液体的蒸汽达到一定浓度,并且有空气和氧气以及激发能源的存在而引起爆炸(2分)。

13. 答:选择无毒或低毒溶剂或稀释剂(2分);加强排风通气(2分);加强个人防护和卫生保健工作(1分)。

14. 答:降低树脂黏度使树脂具有流动性,改善树脂对增强材料、填料等的浸润性(5分)。

15. 答:将绕组加热并旋转,绝缘漆滴在绕组端部,漆在重力、毛细管和离心力作用下,均匀渗入绕组内部及槽中,这种浸渍方式叫滴浸(5分)。

16. 答:输漆时要对浸渍漆进行加热,因为漆的黏度在初始阶段是随着温度的升高而降低,加热可以使漆黏度降低有利于漆渗透进需浸漆的工件绝缘内部,提高浸透率(5分)。

17. 答:沉浸是将工件沉入漆液内,利用漆液压力和绕组毛细管作用,在很好的预烘及保证足够的浸渍时间的情况下,使绝缘漆充分渗透和填充到绕组内部(5分)。

18. 答:真空的目的是排除绝缘层中的水分、空气及小分子物质,以利于漆的渗透和填充(5分)。

19. 答:压力的作用是提高漆的漆透能力,缩短浸渍时间(5分)。

20. 答:是将抽往真空泵的气体中的溶剂冷凝(5分)。

21. 答:作用是为绝缘漆加热,这主要是为了在一定范围内降低绝缘漆的黏度(5分)。

22. 答:因为高压压缩空气中含水蒸气,如果直接加入浸漆罐会影响绝缘漆性能,所以必须先通过干燥器将高压空气干燥后使用(5分)。

23. 答:回漆时对漆进行冷却是为了绝缘漆回储罐后是处于储存状态,低温有利于浸渍漆的储存(5分)。

24. 答:浸渍次数决定于电机的使用环境及性能要求(2分),电机的绕组绝缘结构(1分)、绝缘漆的种类(1分)和浸渍方法(1分)等。

25. 答:一般由浸漆罐(0.5分)、储漆罐(0.5分)、热交换器(0.5分)、制冷机组(0.5分)、加热机组(0.5分)、抽真空系统(0.5分)、加压系统(0.5分)、排风系统(0.5分)、液压系统(0.5分)、控制检测系统(0.5分)等组成。

26. 答:预烘(0.5分);冷却(0.5分);进罐(0.5分);抽真空(0.5分);输漆(0.5分);浸泡(0.5分);回漆(0.5分);排风(0.5分);滴漆(0.5分);出罐(0.5分)。

27. 答:预烘,冷却(0.5分);入罐(0.5分);抽真空(0.5分);真空干燥(0.5分);输漆(0.5分);加压(0.5分);压力浸漆(0.5分);泄压(0.5分);回输(0.5分);滴漆,出罐(0.5分)。

28. 答:需要,为了与工件、浸漆介质的温度接近,以便于绝缘漆的渗透(5分)。

29. 答:英文缩写为VPI(2分),全拼为Vacuum(1分) Pressure(1分) Impregnation(1分)。

30. 答:压力高意味着真空度低(2.5分);反之,压力低与真空度高相对应(2.5分)。

31. 答:直接测量真空计(1分)和间接测量真空计(1分)两种。直接测量真空计是直接测量单位面积上的力(1.5分)。间接测量真空计是根据低压下与气体压力有关的物理量的变化来间接测量压力的变化(1.5分)。

32. 答:压缩式真空计(1分)、热传导真空计(1分)、热辐射真空计(1分)、电离真空计(1分)、放电管指示器(1分)等。

33. 答:测量原理是间接测量真空计(2.5分),具体是压缩式真空计(2.5分)。

34. 答:测量原理是间接测量真空计(2.5分),具体是热传导真空计(2.5分)。

35. 答:德国莱宝真空旋片泵(GS77)(2.5分)、德国普旭真空旋片泵(VM100)(2.5分)。

36. 答:真空是指在给定空间内的气体压力小于该地区一个标准大气压的气体状态(5分)。

37. 答:是用以产生、改善、维持真空的装置(5分)。

38. 答:需要,为防止停泵时由于受大气压的作用而向真空管路反向进油(5分)。

39. 答:利用机械、物理、化学或物理化学的方法对被抽容器进行抽气而获得真空的器件或设备(5分)。

40. 答:凡是利用机械运动转动或滑动以获得真空的泵,称为机械式真空泵(5分)。

41. 答:是一种旋转式容积真空泵(5分)。

42. 答:泵本身结构和制造精度(2.5分),还有前级泵的极限真空度(2.5分)。

43. 答:利用泵腔内转子部件的旋转运动将气体吸入、压缩并排出(5分)。

44. 答:利用泵腔内活塞往复运动,将气体吸入、压缩并排出,又称为活塞式真空泵(5分)。

45. 答:即在一定的压力、温度下,真空泵在单位时间内从被抽容器中抽走的气体体积(5分)。

46. 答:真空泵的入口端经过充分抽气后所能达到的最低的稳定的压力(5分)。

47. 答: ZJ 表示罗茨真空泵(2.5分),300 表示泵的抽速为 300 L/s(2.5分)。

48. 答:用以探测低压空间稀薄气体压力所用的仪器称为真空计(5分)。

49. 答:用绝缘材料隔开的两个导体之间,在规定条件下的电阻。测量绝缘材料的体积电阻率时,对于体积电阻率小于 10^{10} Ω·m 的材料,通常采用 1 min 的电化时间,其测量值才趋于稳定(5分)。

50. 答:电机绕组绝缘检测的主要设备和仪器有:耐压机(1分)、匝间脉冲仪(1分)、阻抗检测仪(1分)、数字兆欧表(1分)、摇表(1分)等。

51. 答:用电桥测量电机或变压器绕组的电阻时应先按下电源开关按钮(1分),再按下检流计的按钮(1分);测量完毕后先断开检流计的按钮(1分),再断开电源按钮(1分)。以防被测线圈的自感电动势造成检流计的损坏(1分)。

52. 答:验证生产的电气设备的质量和性能(2分);确保电气设备满足技术规范,符合安全性要求(1分);确定电气设备性能随时间的变化(1分);确定电气设备出现故障原因(1分)。

53. 答:绕组绝缘施加电压 60 s 时的绝缘电阻值 R_{60} 与 15 s 时绝缘电阻 R_{15} 之比称为绝缘吸收比(5分)。

54. 答:对绕组施加电压测量绝缘电阻,加压 10 min 时的绝缘电阻值 R_{10min} 与加压 1 min 时的绝缘电阻值 R_{1min} 之比(5分)。

55. 答:使兆殴表输出端短路,摇至额定转速,表针应指向零(2.5分);使兆殴表输出端开路,摇至额定转速,表针应指向无穷大(2.5分)。

56. 答:将手套朝手指方向卷曲,当卷到一定程度时内部空气因体积减小、压力增大,手指鼓起而不漏气,即为良好(5 分)。

57. 答:用涂 4 黏度杯测黏度时,所测得的时间愈长,黏度愈大(2.5 分);时间愈短,黏度愈小(2.5 分)。

58. 答:漆将在罐内凝胶,造成设备的报废,引起很大的经济损失(5 分)。

59. 答:电压从远低于预期的局部放电起始电压加起,按规定速度升压至放电量达到某一规定值时,此时的电压即为局部放电起始电压(2.5 分)。其后电压再增加 10%,然后降压直到放电量等于上述规定值,其对应的电压即为局部放电熄灭电压(2.5 分)。

60. 答:常用的旋转烘焙烘箱旋转装置有支撑式(2.5 分)和辊杠式(2.5 分)两种。

61. 答:干燥时间与浸渍工件的结构尺寸、绝缘漆的固化要求及加热方式有关(2 分)。干燥时间一般是通过测量工件的绝缘电阻来确定的,主要以绝缘电阻达到连续三点稳定的时间为基准,适当增加一定比例的时间为烘焙时间(3 分)。

62. 答:由于绕组绝缘表面形成了结构致密的漆膜,使空气中氧和其他有害化学介质不易侵入绝缘内部(2 分)。延缓了绝缘材料的氧化作用和其他化学反应,从而提高了绝缘的耐热性和稳定性,降低了老化速度,延长了电机绝缘的使用寿命(3 分)。

63. 答:可以(1 分)。因无溶剂漆烘焙时只有少量的挥发物释出(1 分),加快升温速度不会影响漆膜的质量(1 分),甚至可以将烘箱预先升到高温后再把工件放入烘箱,使表面的漆先凝胶形成包封的漆膜,达到减少流失的目的(2 分)。

64. 答:黏度是液体分子间相互作用而产生阻碍其分子间相对运动能力的度量(5 分)。

65. 答:选好档位(包括电压种类及量限)(1.5 分);进行调零(1.5 分);接线柱应接触牢固,以防测量时线头接触不良(2 分)。

66. 答:从绝缘漆配方上做到凝胶温度低、凝胶速度快(1.5 分);缩小绝缘层内部空隙的毛细管直径,利用毛细管吸附效应避免流失(1.5 分);用旋转烘焙的工艺措施减少流失(2 分)。

67. 答:覆盖漆用于涂覆经浸渍处理过的绕组端部和绝缘零部件,在其表面形成连续而均匀的漆膜,作为绝缘保护层,以防止机械损伤和受大气、润滑油、化学药品等的侵蚀,提高表面放电电压(5 分)。

68. 答:房屋建筑应符合防火要求(1 分);所有电气设备应选用防爆型(1 分);室内应有专门的消防灭火器材(1 分);烘箱等医保设备应有防爆装置(1 分);油漆、溶剂等的贮藏室应按易爆品库设计(1 分)。

69. 答:室内应有换新鲜空气装置(1 分);定期检测室内有害气体浓度(1 分);所有绝缘漆的盛器应加盖(1 分);排放到空气的有害气体应符合环保标准(1 分);操作工人应定期检查身体健康状况(1 分)。

70. 答:钢丝绳外表面磨损到直径的 40%(1 分);断股(1 分);死角拧扭、部分受压变形(2 分);在一个扭距内断丝数 12 根(1 分)。

六、综 合 题

1. 答:如果工件温度过高,工件一接触到绝缘漆将促使溶剂大量挥发还会造成绝缘漆聚合变质,缩短使用期,造成材料浪费(2 分);另一方面较热工件表面将迅速结成漆膜,堵塞绝缘漆继续侵入的通道,造成浸不透的恶果(3 分)。反之,如果在浸渍时工件温度太低,则将使漆温较低,漆的黏度较大,其流动性和渗透性都较差,也使浸漆效果不好(5 分)。

2. 答：如果使用低黏度的漆，虽然漆的渗透能力强，能很好地渗到绕组绝缘的空隙中，但是因为漆基含量少，当溶剂挥发后，留下的空隙较多，使绝缘的防潮能力、导热性能、电气和机械性能都受到影响(5 分)；如果使用高黏度绝缘漆，则绝缘漆难以渗入到绕组绝缘内部，即发生浸不透的现象，同样会降低绝缘的防潮能力、导热性能和电气、机械强度(5 分)。

3. 答：是(1 分)。在未浸渍处理前，电机绕组绝缘中存在着大量的空隙，充满着空气。由于空气的导热系数只有 0.025，因此导热性能很差，影响电机绕组热量的散出，电机绕组温升将很高(4 分)。用绝缘漆浸渍处理以后绝缘漆挤跑了空气，填充了绕组的空隙。而绝缘漆的导热系数一般均在 0.2 W/(m·℃)左右，这就明显改善了电机绕组绝缘的导热性能(5 分)。

4. 答：电机浸渍绝缘漆的过程是让绝缘漆充满电机的所有微小空隙的过程，浸漆过程中电机电容值的监测正是反映绝缘漆的浸渍程度，在电机的浸渍过程中，电容值是不断上升的，当电容值上升到一定程度也就是浸渍漆在电机的绝缘结构中达到饱和状态时，电容值停止上升，说明电机浸渍状态达到顶峰(10 分)。

5. 答：有溶剂漆一般由合成树脂或天然树脂与溶剂所组成(1 分)。有溶剂漆具有渗透性好，储存期长，使用方便等特点(2 分)。但浸渍和烘焙时间长，固化慢，溶剂的挥发还造成浪费和污染(2 分)。无溶剂漆由合成树脂、固化剂和活性稀释剂等组成(2 分)。其特性是固化快，黏度随温度变化快，流动性和浸透性好，绝缘整体性好，固化过程挥发物少，但长期存放时，要求条件高(3 分)。

6. 答：黏度低，固体含量高，便于漆浸入和填充绝缘内部空隙(2 分)；厚层固化快，干燥性好，黏结力强，有热弹性，固化后能经受电机的离心力(2 分)；具有高的电气性、耐潮性、耐热性、耐油性和化学稳定性(3 分)；对导体和其他材料的相容性好(3 分)。

7. 答：浸漆罐，有罐体、罐盖、止口配合、密封圈，是工件浸渍的地方(3 分)；储漆罐，罐顶装有搅拌器，罐壁装有加热、制冷系统，是绝缘漆长期存储的地方(4 分)；加压系统，处理后的干燥风，要使压力大于 0.6 MPa(3 分)。

8. 答：通过真空泵将浸漆罐抽真空至工艺要求并保持一定时间(2 分)，利用压差法或输漆泵将储漆罐内的绝缘漆输入浸漆罐(2 分)，当液位达到工艺要求后，保持真空浸漆一定时间(2 分)，通过加压系统对浸漆罐内进行加压并保持一定时间(2 分)，利用压差法或输漆泵将绝缘漆回到储漆罐(2 分)。

9. 答：绝缘漆的黏度太大，难以渗透到绕组内部(2 分)；浸漆时工件的温度太高或太低(2 分)；浸漆时漆的温度太低(2 分)；浸漆时间短(2 分)；浸漆时漆面高度不够，上层工件没有浸透(2 分)。

10. 答：将绕组绝缘中的水分和低分子挥发物预先除去(3 分)；由于绝缘漆的黏度随温度的提高而降低，为了加快绝缘漆的渗透，工件具有一定的温度可缩短浸透时间(3 分)；缩短工艺时间，部分电机常将包扎绝缘层间黏合剂的固化、无纬绑扎带及填充泥的固化放在预烘中进行(4 分)。

11. 答：冷凝器的作用是将抽往真空泵的气体中的溶剂冷凝(2 分)，一般是以乙二醇水溶液作冷却剂(2 分)。冷凝器最重要的特性是冷凝量(2 分)。有一些冷凝器只适用于低速运动的气体，以致用强大真空泵时，由于空气排出非常迅速，往往会使露状的冷凝物一起抽入真空泵，会使泵的寿命缩短(4 分)。

12. 答：漆、可聚合树脂和胶类(2 分)；树脂浸渍纤维制品类(2 分)；层压制品、卷绕制品、真空压力浸胶制品和引拔制品类(1分);模塑料类(1分);云母制品类(1分);薄膜、粘带和柔软复合材料类(1分);纤维制品类(1分);绝缘液体类(1分)。

13. 答:基本组成:浸漆罐(1分);储漆罐(1分);真空机组(2分);加压系统(1分);浸漆罐壁加热系统(1分);储漆罐加热制冷系统(1分);输回漆系统(1分);热交换器加热制冷系统(1分);控制柜(1分)。

14. 答:良好的耐热性(1.5分);高的机械强度(1.5分);良好的介电性(1.5分);良好的耐潮性(1.5分);良好的工艺性(1.5分);货源充足、价格合理、质量好,且绝缘的物理、化学、机械、介电性能稳定可靠(2.5分)。

15. 答:由于绝缘漆由多种植物油,天然或合成树脂、溶剂及稀释剂,以及其他助剂等组成,这些原材料本身以及在制造过程中,难免产生或混入一些具有腐蚀性的杂质(5分);另外,在漆的干燥、固化中也许产生某些分解物,而这些杂质或高温分解物将和铜起化学反应而对铜产生腐蚀,使铜表面变色,甚至产生铜绿(5分)。

16. 答:绝缘漆存在一个储存期(1分)。由于漆中组成成分的本身结构及添加其他助剂,在储存中会发生一系列的化学变化(2分)。如不饱和聚酯无溶剂漆,含有不饱和聚酯树脂、活性稀释剂,另外还有固化引发剂,由于分子存在不饱和结构及其他活性基团以及促进反应进行的助剂,在常温下也会发生一系列的交联聚合反应(3分)。最终结果,轻者使漆黏度变大、表面产生结皮,有沉淀物;重者产生胶化,影响产品的正常使用(4分)。

17. 答:可以确定原材料的质量是否合格(3分);可以判断某些树脂合成反应的终点(3分);覆盖漆中,漆料中含有少量的游离能增加对颜料的湿润性,提高分散效果,并且与碱性颜料起轻微皂化反应而提高漆膜性能(4分)。

18. 答:抽真空过程中,发现问题应立即停止作业,将工件吊出浸漆罐,待设备故障排除后,重新对工件进行预烘、浸漆(3分);在输漆过程中设备故障无法输漆,立即停止作业,将工件吊出浸漆罐,待设备故障排除后,重新对工件进行预烘、浸漆(3分);在加压阶段设备故障,不能加压或压力不够,延长浸漆时间,观察电容值的变化,待电容值达到正常水平后结束浸漆,转烘焙工序(4分)。

19. 答:所需要的时间(1分),固化后的情况(1分),可以比较不同绝缘漆经干燥固化后漆膜的光滑程度与饱满状况(2分),内部固化是否均匀有无气泡产生(1分),是否固化完全彻底(1分)等。厚层固化能力还可了解固化后的机械性能(2分),如漆膜的硬或软,脆或富有韧性(2分)。

20. 答:黏度是生产控制的重要指标,也是产品的重要指标之一(2分)。在制漆过程中,黏度必须严格控制,如有些漆料稍一疏忽就会使黏度变大,甚至胶化,造成损失。黏度过低则造成使应加溶剂加不进去,成本上升,且带来很多质量问题,如漆膜粘接力差,光泽下降,耐候性也下降,对化学介质稳定性不好。所以黏度测定对于生产过程中的控制,保证最终产品质量起很重要的作用(4分)。黏度对应用的影响,黏度大小可以说明漆的渗透性和流动特性的好坏。黏度过高,渗透性和流挂性变差,漆较难浸透整个需要浸渍绝缘的零部件。黏度过低,则浸渍后通过多次反复浸渍达到目的,费时耗能(4分)。

21. 答:凝胶时间是无溶剂漆的一个重要工艺参数(2分)。它表明树脂体系的反应活性,在很大程度上依赖于温度(2分)。从缩短工艺时间来说,胶化速度以尽可能快一些好,这样可以减少浸渍漆已填充入线圈内层漆液的损失,提高挂漆量(2分)。但有时伴随着凝胶过程有放热现象，并由于放热引起固化物起泡、开裂等问题(2 分)，故在选择胶化温度确定胶化时间时，必须兼顾其他性能(2 分)。

22. 答：采用真空压力浸渍的无溶剂浸渍漆能大大提高电机的防潮、导热、耐热能力以及增强电气和机械强度(2 分)。这是因为真空压力浸渍能使绕组绝缘内部的空隙完全用无溶剂浸渍漆填满，绕组绝缘的整体性好，这就大大提高了绝缘的导热能力，从而降低了温升，延长了使用寿命(4 分)。同时由于绕组整体性好，也大大增强了抗振能力，机械强度显著提高。而良好的无气隙绝缘以及密封性，又大大提高了绝缘的防潮、防污染能力(4 分)。

23. 答：在一定的温度下，黏度和它的溶剂(或稀释剂)的含量有关，溶剂越多，固体含量越少，漆的黏度就越低(4 分)。黏度越低，虽然渗透能力强，能很好地渗到绕组绝缘的空隙中去，但因为漆基含量少，当溶剂挥发后，留下的空隙较多，使绝缘的防潮能力、导热性能、电气和机械强度都受到影响(3 分)。如果漆黏度过高，则漆难以渗入到绕组绝缘内部，即发生浸不透的现象，同样会降低绝缘的防潮能力、导热性能及电气、机械强度(3 分)。

24. 答：避免任何有机溶剂和其他绝缘漆的污染。少量的有机溶剂和其他绝缘漆混入该漆，都会造成漆变质，表现为凝胶、沉淀、板结(4 分)；避免粉尘等机械杂质混入，影响漆膜外观和绝缘性能(3 分)；低温储存，防止漆的黏度增长过快和凝胶时间缩短(3 分)。

25. 答：将清洗干净的涂 4 黏度杯放在黏度杯架上(1 分)，调整杯架的底脚至黏度杯处于水平位置(1 分)，将涂 4 黏度杯下的漏嘴堵好(1 分)，将被测液体顺着倒流棒倒至涂 4 黏度杯中(1 分)，使液体稍微高出杯子的上平面后停止倒液体(1 分)，用导流棒将多余被测液体刮至溢液槽(1 分)，打开杯底的漏嘴使被测液体从漏嘴中顺利流出(1 分)，同时按下秒表(1 分)，观察液体流出的状态从流线型变成断线的一刹那再次按下秒表(1 分)，这时秒表记录的时间就是被测液体在当时温度下的黏度(1 分)。

26. 答：电机在烘焙过程中，随着温度的逐渐升高，绕组绝缘内部的水分趋向表面，绝缘电阻逐渐下降，直至最低点(3 分)；随着温度升高，水分逐渐挥发，绝缘电阻从最低点开始回升(3 分)；最后随着时间的增加绝缘电阻达到稳定，说明绕组绝缘内部已经干燥(4 分)。

27. 答：首先选择合适的电压等级的兆欧表(3 分)，然后将兆欧表的“L”端连接在电动机绕组的一相引线端上(2 分)，“E”端接在电机的机壳上(2 分)，以每分钟 120 转的速度摇动兆欧表的手柄(3 分)。

28. 答：不切断电源和应灭火种不走(2.5 分)；环境不清扫整洁不走(1.5 分)；设备不擦干净不走(1.5 分)；工件不码放整齐不走(1.5 分)；交接班和原始记录不填写好不走(1.5 分)；工具不清点好不走(1.5 分)。

29. 答：指挥信号应明确，并符合规定(1.5 分)；吊挂时，吊挂绳之间夹角应小于 120 ℃，以免吊挂受力过大(1.5 分)；绳、链所经过棱角处应加垫(1.5 分)；指挥物体翻转时，应使其重心平衡变化，不应产生指挥意图之外的动作(2.5 分)；进入悬挂(吊)重物下方时，应先与司机联系并设置支承装置(1.5 分)；多人绑挂时，应由一人指挥(1.5 分)。

30. 答：指挥信号不明确和违章指挥不起吊(1 分)；超载不起吊(1 分)；工件或吊物捆绑不牢不起吊(1 分)；吊物上面有人不起吊(1 分)；安全装置不齐全、不完好、动作不灵敏或有失效者不起吊(1 分)；工件埋在地下或与地面建筑物、设备有钩挂时不起吊(1 分)；光线隐暗视线不清不起吊(1 分)；有棱角吊物无防护切割隔离保护措施不起吊(1 分)；斜拉歪拽工件不起吊(1 分)；浸出的工件上无接漆盘不起吊(1 分)。

31. 答:起重机在起动后即将开动前(1.5分);靠近同跨其他起重机时(1.5分);在起吊和下降吊钩时(1.5分);吊物在运移过程中,接近地面工作人员时(1.5分);起重机在吊运通道上方吊物运行时(2分);起重机在吊运过程中设备发生故障时(2分)。

32. 答:应将吊钩提升到较高位置,不准在下面悬吊而妨碍地面人员行动;吊钩上不准悬吊挂具或吊物等(2分)。将小车停在远离起重机滑触线的一端,不准停于跨中部位;大车应开到固定停靠位置(2分)。电磁吸盘或抓斗、料箱等取物位置,应降落至地面或停放平台上,不允许长期悬吊(1.5分)。将各机构控制器手柄扳回零位,扳开紧急断路开关,拉下保护柜主刀开关手柄,将起重运转中情况和检查时发现的情况记录于交接班日记中,关好司机室门下车(1.5分)。室外工作的起重机工作完毕后,应将大车上好夹轨钳并锚固牢靠(1.5分)。与下一班司机做好交接工作(1.5分)。

33. 答:主要原因:表面处理不干净(2分);工件或底层特别光滑(2分)。解决办法:认真作好表面处理,如除油、除锈(2分);适当粗化被涂表面(2分);严格按操作规程施工(2分)。

34. 答:产生原因:油漆的黏度太低(1.5分);喷漆枪的出漆嘴口径偏大,气压过大(1.5分);距离物面太近(1.5分);运枪速度过慢(1.5分);施工环境温度低,湿度大,涂料干燥太慢(1分)。预防措施:油漆黏度要适中(1.5分);注意运枪速度(1.5分)。

35. 答:设备所装电动机、厂房照明、电气开关和电气设备都采用防爆型的(2分);严格规定禁火区,并应有严禁烟火等警告牌(2分);不得在禁火区内动火,如烧焊等(2分);防止工件摩擦与撞击(2分);避雷及防止一切外来火花(2分)。

绝缘处理浸渍工(初级工)技能操作考核框架

一、框架说明

1. 依据《国家职业标准》[注]，以及中国中车确定的“岗位个性服从于职业共性”的原则，提出绝缘处理浸渍工(初级工)技能操作考核框架(以下简称：技能考核框架)。

2. 本职业等级技能操作考核评分采用百分制。即：满分为 100 分，60 分为及格，低于 60 分为不及格。

3. 实施“技能考核框架”时，考核制件(活动)命题可以选用本企业的加工件(活动项目)，也可以结合实际另外组织命题。

4. 实施“技能考核框架”时，考核的时间和场地条件等应依据《国家职业标准》，并结合企业实际确定。

5. 实施“技能考核框架”时，其“职业功能”的分类按以下要求确定：

(1)“工艺过程”属于本职业等级技能操作的核心职业活动，其“项目代码”为“E”。

(2)“工艺准备”、“设备维护保养”属于本职业等级技能操作的辅助性活动，其“项目代码”分别为“D”和“F”。

6. 实施“技能考核框架”时，其“鉴定项目”和“选考数量”按以下要求确定：

(1)按照《国家职业标准》有关技能操作鉴定比重的要求，本职业等级技能操作考核制件的“鉴定项目”应按“D”+“E”+“F”组合，其考核配分比例相应为“D”占 15 分，“E”占 60 分，“F”占 25 分。

(2)依据中国中车确定的“核心职业活动选取 2/3，并向上取整”的规定，在“E”类鉴定项目——“工艺过程”的全部 5 项中，至少选取 4 项。

(3)依据中国中车确定的“其余‘鉴定项目’的数量可以任选”的规定，“D”和“F”类鉴定项目——“工艺准备”、“设备维护保养”中，至少分别选取 1 项。

(4)依据中国中车确定的“确定‘选考数量’时，所涉及‘鉴定要素’的数量占比，应不低于对应‘鉴定项目’范围内‘鉴定要素’总数的 60%，并向上取整”的规定，考核制件(活动)的鉴定要素“选考数量”应按以下要求确定：

①在“D”类“鉴定项目”中，在已选定的至少 1 个鉴定项目中，至少选取已选鉴定项目所对应的全部鉴定要素的 60%项，并向上保留整数。

②在“E”类“鉴定项目”中，在已选定的至少 4 个鉴定项目所包含的全部鉴定要素中，至少选取总数的 60%项，并向上保留整数。

③在“F”类“鉴定项目”中，在已选定的至少 1 个鉴定项目中，至少选取已选鉴定项目所对应的全部鉴定要素的 60%项，并向上保留整数。

举例分析：

按照上述“第 6 条”要求，若命题时按最少数量选取，即：在“D”类鉴定项目中的选取了“阅读技术文件”1项，在“E”类鉴定项目中选取了“浸渍”、“烘焙”、“测量”、“表面绝缘处理”4项，在“F”类鉴定项目中分别选取了“浸渍设备维护保养”1项，则：

此考核制件所涉及的“鉴定项目”总数为6项，具体包括：“阅读技术文件”、“浸渍”、“烘焙”、“测量”、“表面绝缘处理”、“浸渍设备维护保养”。

此考核制件所涉及的鉴定要素“选考数量”相应为25项，具体包括：“阅读技术文件”鉴定项目包含的全部4个鉴定要素中的3项，“浸渍”、“烘焙”、“测量”、“表面绝缘处理”4个鉴定项目包括的全部25个鉴定要素中的15项，“浸渍设备维护保养”鉴定项目包含的全部11个鉴定要素中的7项。

7. 本职业等级技能操作需要两人及以上共同作业的，可由鉴定组织机构根据“必要、辅助”的原则，结合实际情况确定协助人员的数量。在整个操作过程中，协助人员只能起必要、简单的辅助作用。否则，每违反一次，至少扣减应考者的技能考核总成绩10分，直至取消其考试资格。

8. 实施“技能考核框架”时，应同时对应考者在质量、安全、工艺纪律、文明生产等方面行为进行考核。对于在技能操作考核过程中出现的违章作业现象，每违反一项(次)至少扣减技能考核总成绩10分，直至取消其考试资格。

注：按照中国中车规定，各《职业技能操作考核框架》的编制依据现行的《国家职业标准》或现行的《行业职业标准》或现行的《中国中车职业标准》的顺序执行。

二、绝缘处理浸渍工(初级工)技能操作鉴定要素细目表

职业功能	鉴定项目				鉴定要素		
	项目代码	名称	鉴定比重(%)	选考方式	要素代码	名称	重要程度
工艺准备	D	读图	15	任选	001	能看懂并表达出产品零件图的全部内容	X
					002	能看懂并表达出工艺装备图的全部内容	X
		阅读技术文件			001	能够充分理解并表达工艺技术文件的内容	X
					002	能够充分理解并表达质量文件的内容	Y
					003	能够充分理解并表达浸漆关键项点、特殊过程重要参数标准	X
					004	能够充分理解并表达防火、防爆、防污染的有关规定	X
		工具、仪器、仪表、工装、设备的使用			001	能够按工艺技术文件准备相应的工具、工装、材料等	X
					002	能够熟练使用工艺装备，并能够保证人身、工件、工装安全	X
					003	能够熟练使用兆欧表，并能够保证人身、仪表安全	X
					004	能够熟练使用浸渍装备，并能够保证人身、工件、工装安全	X
					005	能够熟练使用烘焙装备，并能够保证人身、工件、工装安全	X
					006	能够熟练使用翻身装备，并能够保证人身、工件、工装安全	X

续上表

职业功能	鉴定项目				鉴定要素		
	项目代码	名称	鉴定比重(%)	选考方式	要素代码	名称	重要程度
工艺过程	E	浸渍	60	至少选4项	001	按工艺文件的内容要求完成浸渍作业	X
					002	按工艺要求选择浸渍的工艺流程方式	X
					003	能够按要求正确采取漆样、送检	X
					004	按工艺要求对绝缘漆进行过滤操作，确保绝缘漆清洁	X
					005	按工艺要求对漆槽、漆罐、过滤器进行清理	X
					006	在高级工指导下对设备添加各种绝缘漆和辅料	X
					007	熟练掌握人机对话操作及参数输入、输出	X
		烘焙			001	按工艺要求完成烘焙	X
					002	按工艺要求选择正确的烘焙方式	X
					003	支撑式旋转烘箱的支撑跨度、高度调整	X
					004	辊杠式旋转烘箱的辊杠间距调整	X
					005	熟练掌握工件进烘箱的安全吊运及放置，能够独立完成	X
					006	熟练掌握烘箱移动平车的安全操作，能够独立完成	X
					007	熟练掌握烘箱温度远程集中监测的人机对话及参数输入、输出	X
		测量			001	能够按要求测量绝缘漆黏度	X
					002	能够按要求对绝缘漆黏度的调整	X
					003	能够按工艺要求可靠连接电容测量线，测量并记录数值	X
					004	能够按工艺要求可靠连接电阻测量线，测量并记录数值	X
					005	能够按工艺要求可靠连接浸水绝缘电阻测量线，测量并记录数值	X
		清理			001	使用脱模材料对非浸渍面进行防护	X
					002	熟练掌握各种工装的拆卸及清理	X
					003	选择正确工具，使用正确方法，清理需清理部位	X
					004	能够安全操作，防止工件损伤	X
					005	注意人身安全，避免烫伤、砸伤等意外伤害	X
		表面绝缘处理			001	按工艺要求对非涂覆面进行防护	X
					002	按工艺要求调整表面漆的黏度	X
					003	按工艺要求对涂覆面进行防护	X
					004	熟练掌握喷漆操作要领	X
					005	按工艺要求烘干或晾干	X
					006	正确实施工艺，喷涂达到质量要求，漆膜光滑、平整、无漏喷	X

续上表

职业功能	鉴定项目				鉴定要素		
	项目代码	名称	鉴定比重(%)	选考方式	要素代码	名称	重要程度
设备维护保养	F	浸渍设备维护保养	25	任选	001	对设备的各部件正常工作所需介质进行添加和更换	X
					002	罗茨泵的原理及维护、保养	X
					003	初级泵的分类、原理及维护、保养	X
					004	无热再生吸附式干燥机维护、保养	X
					005	真空传感器的维护、保养	X
					006	压力传感器的维护、保养	X
					007	冷凝器的维护、保养	X
					008	过滤器的维护、保养	X
					009	热交换器的维护、保养	X
					010	管道密封的维护、保养	X
					011	液压系统的维护、保养	X
		烘焙设备维护保养			001	能够对烘箱温度均匀度的测量	X
					002	能够使用万用表测量Pt100电阻,判断示值是否正确	X
					003	加热管的维护、保养	X
					004	辊杠烘箱辊杠轴承的维护、保养	X
					005	烘箱链传动机构的维护、保养	X
					006	烘箱内各种电机的维护、保养	X
		翻身设备维护保养			001	液压系统的维护、保养	X
					002	电气系统的维护、保养	X

注:重要程度中X表示核心要素,Y表示一般要素,Z表示辅助要素。下同。

中国中车
CRRC

绝缘处理浸渍工(初级工)
技能操作考核样题与分析

职 业 名 称：______________________

考 核 等 级：______________________

存 档 编 号：______________________

考核站名称：______________________

鉴定责任人：______________________

命题责任人：______________________

主管负责人：______________________

中国中车股份有限公司劳动工资部制

职业技能鉴定技能操作考核制件图示

职业活动描述：
YJ105A 定子浸渍绝缘处理

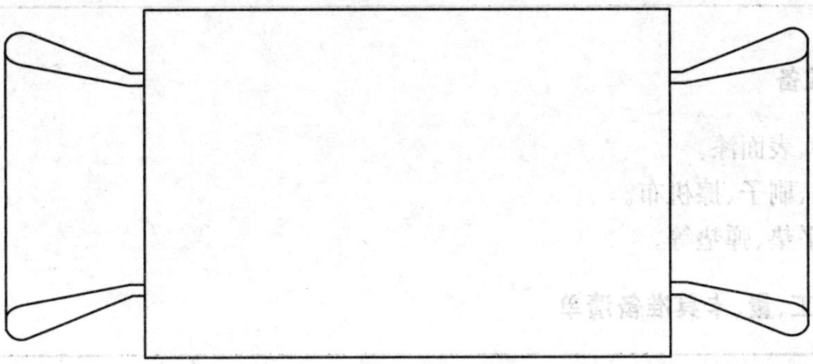

职业名称	绝缘处理浸渍工
考核等级	初级工
试题名称	YJ105A 定子浸渍绝缘处理
材质等信息：无	

职业技能鉴定技能操作考核准备单

职业名称	绝缘处理浸渍工
考核等级	初级工
试题名称	YJ105A 定子的浸渍绝缘处理

一、材料准备

1. 浸渍漆、表面漆。
2. 脱模剂、刷子、擦机布。
3. 螺栓、平垫、弹垫等。

二、设备、工量、卡具准备清单

序　号	名　称	规　格	数　量	备　注
1	浸渍设备	ϕ2.2 m	1	
2	烘箱	3 300 mm×3 300 mm×2 000 mm	2	
3	兆欧表	1 000 V	1	
4	介质损耗测试仪	0～10 kV	1	
5	涂 4 黏度杯		1	
6	天平	2 kg,0.1 g	1	
7	力矩扳手	40～200 N·m	1	
8	丝锥	M12、M16、M20、M24	4	
9	喷枪		1	

三、考场准备

1. 相应的公用设备、设备与器具等。
2. 相应的场地及安全防范措施。
3. 其他准备。

四、考核内容及要求

1. 考核内容

根据产品类型按工艺要求完成浸渍、烘焙、测量、清理、表面绝缘处理以及设备维护保养。

2. 考核时限

满足国家职业技能标准中的要求,本试题为 240 min。

3. 考核评分(表)

职业名称	绝缘处理浸渍工		考核等级	初级工	
试题名称	YJ105A 定子浸渍绝缘处理		考核时限	240 min	
鉴定项目	考核内容	配分	评分标准	扣分说明	得分
阅读技术文件	表述浸渍漆、表面漆种类,工艺过程,浸渍工艺参数,烘焙工艺参数	5	错误一项全扣		
	表述浸漆关键项点、特殊过程重要参数标准	5	错误一项全扣		
	表述防火、防爆、防污染的有关规定	5	错误一项全扣		
浸渍	选择真空压力浸漆的流程	4	错误一项全扣		
	从浸漆罐内采取漆样、送检	4	错误一项全扣		
	对绝缘漆进行过滤操作,确保绝缘漆清洁	4	不能操作全扣		
	清理漆槽、漆罐、过滤器中异物	4	未清理干净全扣		
	在操作界面输入工件号等信息、输出浸渍过程图片	4	不能操作全扣		
烘焙	选择旋转烘焙烘箱	4	错误全扣		
	支撑式旋转烘箱的支撑跨度、高度调整	4	不能操作全扣		
	辊杠式旋转烘箱的辊杠间距调整	4	不能操作全扣		
	独立完成工件安全吊运及放置进烘箱	4	不能操作全扣		
	烘箱温度远程集中监测的工件号等信息输入、输出烘焙过程图	4	错误全扣		
测量	会使用涂 4 黏度杯测量绝缘漆黏度	5	不能操作全扣		
	可靠连接电容测量线,测量并记录数值	5	错误全扣		
表面绝缘处理	调整氟硅涂料的黏度	4	错误全扣		
	对非涂覆面进行防护	3	错误全扣		
	正确实施工艺,喷涂达到质量要求,漆膜光滑、平整、无漏喷	3	错误全扣		
浸渍设备维护保养	对真空泵油进行添加和更换	4	错误全扣		
	初级泵维护保养	4	错误全扣		
	真空传感器的维护保养	4	错误全扣		
	压力传感器的维护保养	4	错误全扣		
	冷凝器的维护保养	3	错误全扣		
	过滤器的维护保养	3	错误全扣		
	热交换器的维护保养	3	错误全扣		
质量、安全、工艺纪律、文明生产等综合考核项目	考核时限	不限	超时停止操作		
	工艺纪律	不限	依据企业有关工艺纪律管理规定执行,每违反一次扣 10 分		
	劳动保护	不限	依据企业有关劳动保护管理规定执行,每违反一次扣 10 分		
	文明生产	不限	依据企业有关文明生产管理规定执行,每违反一次扣 10 分		
	安全生产	不限	依据企业有关安全生产管理规定执行,每违反一次扣 10 分,有重大安全事故,取消成绩		

4. 技术要求

(1)操作时未正确穿戴劳动防护用品,视为不及格。

(2)读图、阅读工艺文件部分不能说出浸渍漆、表面漆、浸渍方式、烘焙方式、工装种类、浸渍工艺参数、烘焙工艺参数、试验要求等内容,视为不及格。

(3)不能独立完成操作(除必须辅助作业外)及操作过程中出现用错材料、工装、工具、仪器仪表等问题,视为不及格。

5. 考试规则

(1)违反工艺纪律、安全操作、文明生产、劳动保护等,视为不及格。

(2)有重大安全事故、考试作弊者取消其考试资格,判零分。

职业技能鉴定技能考核制件(内容)分析

职业名称	绝缘处理浸渍工				
考核等级	初级工				
试题名称	YJ105A定子浸渍绝缘处理				
职业标准依据	绝缘处理浸渍工中国中车职业标准				
试题中鉴定项目及鉴定要素的分析与确定					
分析事项＼鉴定项目分类	基本技能“D”	专业技能“E”	相关技能“F”	合计	数量与占比说明
鉴定项目总数	3	5	3	11	核心技能“E”满足鉴定项目占比高于2/3的要求
选取的鉴定项目数量	1	4	1	6	
选取的鉴定项目数量占比(%)	33.3	80	33.3	54.5	
对应选取鉴定项目所包含的鉴定要素总数	4	25	11	40	鉴定要素数量占比大于60%
选取的鉴定要素数量	3	15	7	25	
选取的鉴定要素数量占比(%)	75	62.2	63.6	62.5	

所选取鉴定项目及相应鉴定要素分解与说明

鉴定项目类别	鉴定项目名称	国家职业标准规定比重(%)	《框架》中鉴定要素名称	本命题中具体鉴定要素分解	配分	评分标准	考核难点说明
“D”	阅读技术文件	15	能够充分理解并表达工艺技术文件的内容	表述浸渍漆、表面漆种类,工艺过程,浸渍工艺参数,烘焙工艺参数	5	错误一项全扣	
			能够充分理解并表达浸漆关键项点、特殊过程重要参数标准	表述浸漆关键项点、特殊过程重要参数标准	5	错误一项全扣	
			能够充分理解并表达防火、防爆、防污染的有关规定	表述防火、防爆、防污染的有关规定	5	错误一项全扣	
“E”	浸渍	60	按工艺要求选择浸渍的工艺流程方式	选择真空压力浸漆的流程	4	错误一项全扣	难点
			能够按要求正确采取漆样、送检	从浸漆罐内采取漆样、送检	4	错误一项全扣	
			按工艺要求对绝缘漆进行过滤操作,确保绝缘漆清洁	对绝缘漆进行过滤操作,确保绝缘漆清洁	4	不能操作全扣	
			按工艺要求对漆槽、漆罐、过滤器进行清理	清理漆槽、漆罐、过滤器中异物	4	未清理干净全扣	
			熟练掌握人机对话操作及参数输入、输出	在操作界面输入工件号等信息、输出浸渍过程图片	4	不能操作全扣	

续上表

鉴定项目类别	鉴定项目名称	国家职业标准规定比重(%)	《框架》中鉴定要素名称	本命题中具体鉴定要素分解	配分	评分标准	考核难点说明
"E"	烘焙	60	按工艺要求选择正确的烘焙方式	选择旋转烘焙烘箱	4	错误全扣	难点
			支撑式旋转烘箱的支撑跨度、高度调整	支撑式旋转烘箱的支撑跨度、高度调整	4	不能操作全扣	
			辊杠式旋转烘箱的辊杠间距调整	辊杠式旋转烘箱的辊杠间距调整	4	不能操作全扣	
			熟练掌握工件进烘箱的安全吊运及放置,能够独立完成	独立完成工件安全吊运及放置进烘箱	4	不能操作全扣	
			熟练掌握烘箱温度远程集中监测的人机对话及参数输入、输出	烘箱温度远程集中监测的工件号等信息输入、输出烘焙过程图	4	错误全扣	
	测量		能够按要求测量绝缘漆黏度	会使用涂4黏度杯测量绝缘漆黏度	5	不能操作全扣	难点
			能够按工艺要求可靠连接电容测量线,测量并记录数值	可靠连接电容测量线,测量并记录数值	5	错误全扣	
	表面绝缘处理		按工艺要求调整表面漆的黏度	调整氟硅涂料的黏度	4	错误全扣	难点
			按工艺要求对非涂覆面进行防护	对非涂覆面进行防护	3	错误全扣	
			正确实施工艺,喷涂达到质量要求,漆膜光滑、平整、无漏喷	正确实施工艺,喷涂达到质量要求,漆膜光滑、平整、无漏喷	3	错误全扣	
"F"	浸渍设备维护保养	25	对设备的各部件正常工作所需介质进行添加和更换	对真空泵油进行添加和更换	4	错误全扣	
			初级泵的分类、原理及维护、保养	初级泵维护保养	4	错误全扣	
			真空传感器的维护、保养	真空传感器的维护保养	4	错误全扣	
			压力传感器的维护、保养	压力传感器的维护保养	4	错误全扣	
			冷凝器的维护、保养	冷凝器的维护保养	3	错误全扣	
			过滤器的维护、保养	过滤器的维护保养	3	错误全扣	
			热交换器的维护、保养	热交换器的维护保养	3	错误全扣	
质量、安全、工艺纪律、文明生产等综合考核项目				考核时限	不限	超时停止考核	
				工艺纪律	不限	依据企业有关工艺纪律管理规定执行,每违反一次扣10分	
				劳动保护	不限	依据企业有关劳动保护管理规定执行,每违反一次扣10分	
				文明生产	不限	依据企业有关文明生产管理规定执行,每违反一次扣10分	
				安全生产	不限	依据企业有关安全生产管理规定执行,每违反一次扣10分,有重大安全事故,取消成绩	

绝缘处理浸渍工(中级工)技能操作考核框架

一、框架说明

1. 依据《国家职业标准》[注],以及中国中车确定的“岗位个性服从于职业共性”的原则,提出绝缘处理浸渍工(中级工)技能操作考核框架(以下简称:技能考核框架)。

2. 本职业等级技能操作考核评分采用百分制。即:满分为 100 分,60 分为及格,低于 60 分为不及格。

3. 实施“技能考核框架”时,考核制件(活动)命题可以选用本企业的加工件(活动项目),也可以结合实际另外组织命题。

4. 实施“技能考核框架”时,考核的时间和场地条件等应依据《国家职业标准》,并结合企业实际确定。

5. 实施“技能考核框架”时,其“职业功能”的分类按以下要求确定:

(1)“工艺过程”属于本职业等级技能操作的核心职业活动,其“项目代码”为“E”。

(2)“工艺准备”、“设备维护保养”属于本职业等级技能操作的辅助性活动,其“项目代码”分别为“D”和“F”。

6. 实施“技能考核框架”时,其“鉴定项目”和“选考数量”按以下要求确定:

(1)按照《国家职业标准》有关技能操作鉴定比重的要求,本职业等级技能操作考核制件的“鉴定项目”应按“D”+“E”+“F”组合,其考核配分比例相应为“D”占 15 分,“E”占 60 分,“F”占 25 分。

(2)依据中国中车确定的“核心职业活动选取 2/3,并向上取整”的规定,在“E”类鉴定项目——“工艺过程”的全部 5 项中,至少选取 4 项。

(3)依据中国中车确定的“其余‘鉴定项目’的数量可以任选”的规定,“D”和“F”类鉴定项目——“工艺准备”、“设备维护保养”中,至少分别选取 1 项。

(4)依据中国中车确定的“确定‘选考数量’时,所涉及‘鉴定要素’的数量占比,应不低于对应‘鉴定项目’范围内‘鉴定要素’总数的 60%,并向上取整”的规定,考核制件(活动)的鉴定要素“选考数量”应按以下要求确定:

①在“D”类“鉴定项目”中,在已选定的至少 1 个鉴定项目中,至少选取已选鉴定项目所对应的全部鉴定要素的 60%项,并向上保留整数。

②在“E”类“鉴定项目”中,在已选定的至少 4 个鉴定项目所包含的全部鉴定要素中,至少选取总数的 60%项,并向上保留整数。

③在“F”类“鉴定项目”中,在已选定的至少 1 个鉴定项目中,至少选取已选鉴定项目所对应的全部鉴定要素的 60%项,并向上保留整数。

举例分析:

按照上述“第 6 条”要求,若命题时按最少数量选取,即:在“D”类鉴定项目中的选取了“阅读技术文件”1项，在“E”类鉴定项目中选取了“浸渍”、“烘焙”、“测量”、“表面绝缘处理”4项，在“F”类鉴定项目中选取了“浸渍设备维护保养”1项，则：

此考核制件所涉及的“鉴定项目”总数为6项，具体包括：“阅读技术文件”、“浸渍”、“烘焙”、“测量”、“表面绝缘处理”、“浸渍设备维护保养”。

此考核制件所涉及的鉴定要素“选考数量”相应为28项，具体包括：“阅读技术文件”鉴定项目包含的全部5个鉴定要素中的3项，“浸渍”、“烘焙”、“测量”、“表面绝缘处理”4个鉴定项目包括的全部30个鉴定要素中的18项，“浸渍设备维护保养”鉴定项目包含的全部11个鉴定要素中的7项。

7. 本职业等级技能操作需要两人及以上共同作业的，可由鉴定组织机构根据“必要、辅助”的原则，结合实际情况确定协助人员的数量。在整个操作过程中，协助人员只能起必要、简单的辅助作用。否则，每违反一次，至少扣减应考者的技能考核总成绩10分，直至取消其考试资格。

8. 实施“技能考核框架”时，应同时对应考者在质量、安全、工艺纪律、文明生产等方面行为进行考核。对于在技能操作考核过程中出现的违章作业现象，每违反一项(次)至少扣减技能考核总成绩10分，直至取消其考试资格。

注：按照中国中车规定，各《职业技能操作考核框架》的编制依据现行的《国家职业标准》或现行的《行业职业标准》或现行的《中国中车职业标准》的顺序执行。

二、绝缘处理浸渍工(中级工)技能操作鉴定要素细目表

职业功能	鉴定项目				鉴定要素		
	项目代码	名称	鉴定比重(%)	选考方式	要素代码	名称	重要程度
工艺准备	D	读图	15	任选	001	能看懂并表达出产品零件图的全部内容	X
					002	能看懂并表达出工艺装备图的全部内容	Y
					003	能看懂浸渍设备原理图并表达出原理	X
		阅读技术文件			001	能够充分理解并表达工艺技术文件的内容	X
					002	能够充分理解并表达质量文件的内容	Y
					003	能够充分理解并表达浸渍关键项点、特殊过程重要参数标准	X
					004	能够充分理解并表达防火、防爆、防污染的有关规定	X
					005	能够充分理解并表达出浸渍漆、表面漆等材料的使用说明书及MSDS	Y
		工具、仪器、仪表、工装、设备的使用			001	能够按工艺技术文件准备相应的工具、工装、材料等	X
					002	能够熟练使用工艺装备，并能够保证人身、工件、工装安全	X
					003	能够熟练使用兆欧表，并能够保证人身、仪表安全	X
					004	能够熟练使用浸渍装备，并能够保证人身、工件、工装安全	X

续上表

职业功能	鉴定项目				鉴定要素		
	项目代码	名称	鉴定比重(%)	选考方式	要素代码	名称	重要程度
工艺准备	D	工具、仪器、仪表、工装、设备的使用	15	任选	005	能够熟练使用烘焙装备,并能够保证人身、工件、工装安全	X
					006	能够熟练使用翻身装备,并能够保证人身、工件、工装安全	X
					007	能够熟练使用介质损耗测试仪,并能够保证人身、工件、工装安全	X
工艺过程	E	浸渍	60	至少选4项	001	按工艺文件的内容要求完成浸渍作业	X
					002	按工艺要求选择浸渍的工艺流程方式	X
					003	能够按要求正确采取漆样、送检	X
					004	按工艺要求对绝缘漆进行过滤操作,确保绝缘漆清洁	X
					005	按工艺要求对漆槽、漆罐、过滤器进行清理	X
					006	掌握对设备添加各种绝缘漆和辅料的操作方法和要求,能够独立完成	X
					007	能够对浸渍过程的操作控制程序中的液位、温度等工艺参数进行更改设定	X
					008	熟练掌握人机对话操作及参数输入、输出	X
					009	熟练掌握浸渍过程中设备各部件正常状态反映出来的参数等信息,能够独立判断出设备状态	X
		烘焙			001	按工艺要求完成烘焙	X
					002	按工艺要求选择正确的烘焙方式	X
					003	支撑式旋转烘箱的支撑跨度、高度调整	X
					004	辊杠式旋转烘箱的辊杠间距调整	X
					005	熟练掌握工件进烘箱的安全吊运及放置,能够独立完成	X
					006	熟练掌握烘箱移动平车的安全操作,能够独立完成	X
					007	熟练掌握工艺参数的调整设定,能够独立完成设置	X
					008	熟练掌握烘箱温度远程集中监测的人机对话及参数输入、输出	X
		测量			001	能够按要求测量绝缘漆黏度	X
					002	能够按要求对绝缘漆黏度的调整	X
					003	能够按工艺要求可靠连接电容测量线,测量并记录数值	X
					004	能够按工艺要求可靠连接电阻测量线,测量并记录数值	X
					005	能够按工艺要求可靠连接浸水绝缘电阻测量线,测量并记录数值	X
					006	能够按工艺要求可靠连接介质损耗测量线,测量并记录数值	X

续上表

职业功能	鉴定项目				鉴定要素		
	项目代码	名称	鉴定比重（%）	选考方式	要素代码	名称	重要程度
工艺过程	E	清理	60	至少选4项	001	使用脱模材料对非浸渍面进行防护	X
					002	熟练掌握各种工装的拆卸及清理	X
					003	选择正确的丝锥过丝	X
					004	选择正确工具，使用正确方法，清理需清理部位	X
					005	能够安全操作，防止工件损伤	X
					006	注意人身安全，避免烫伤、砸伤等意外伤害	X
		表面绝缘处理			001	按工艺要求对非涂覆面进行防护	X
					002	按工艺要求对表面漆进行配比	X
					003	按工艺要求调整表面漆的黏度	X
					004	按工艺要求对涂覆面进行防护	X
					005	熟练掌握喷漆操作要领	X
					006	按工艺要求烘干或晾干	X
					007	正确实施工艺，喷涂达到质量要求，漆膜光滑、平整、无漏喷	X
设备维护保养	F	浸渍设备维护保养	25	任选	001	对设备的各部件正常工作所需介质进行添加和更换	X
					002	罗茨泵的原理及维护、保养	X
					003	初级泵的分类、原理及维护、保养	X
					004	无热再生吸附式干燥机的原理及维护、保养	X
					005	真空传感器的原理及维护、保养	X
					006	压力传感器的原理及维护、保养	X
					007	冷凝器的原理及维护、保养	X
					008	过滤器的原理及维护、保养	X
					009	热交换器的原理及维护、保养	X
					010	管道密封的维护、保养	X
					011	液位计的分类、原理及维护、保养	X
					012	液压系统的维护、保养	X
		烘焙设备维护保养			001	熟悉温控仪表代码的含义	X
					002	能够对烘箱温度均匀度的测量	X
					003	能够使用万用表测量Pt100电阻，判断示值是否正确	X
					004	加热管的维护、保养	X
					005	辊杠烘箱辊杠轴承的维护、保养	X
					006	烘箱链传动机构的维护、保养	X

续上表

职业功能	鉴定项目				鉴定要素		
	项目代码	名称	鉴定比重(%)	选考方式	要素代码	名称	重要程度
设备维护保养	F	烘焙设备维护保养	25	任选	007	烘箱内各种电机的维护、保养	X
		翻身设备维护保养			001	能发现并排除设备运行过程中出现的故障	X
					002	液压系统的维护、保养	X
					003	电气系统的维护、保养	X

中国中车 CRRC

绝缘处理浸渍工(中级工)技能操作考核样题与分析

职业名称：______________________

考核等级：______________________

存档编号：______________________

考核站名称：______________________

鉴定责任人：______________________

命题责任人：______________________

主管负责人：______________________

中国中车股份有限公司劳动工资部制

职业技能鉴定技能操作考核制件图示

职业活动描述：
交流定子浸渍绝缘处理

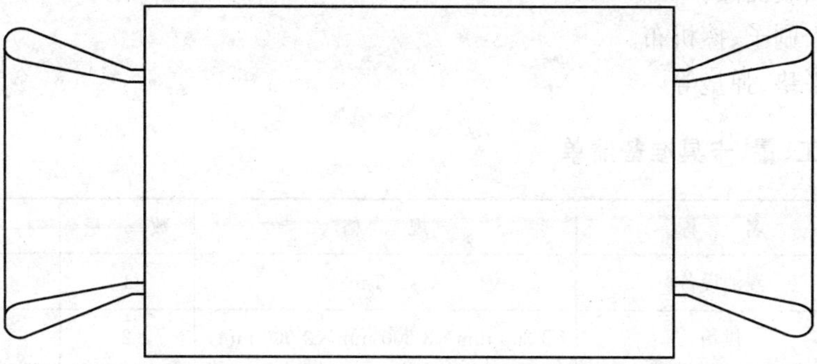

职业名称	绝缘处理浸渍工
考核等级	中级工
试题名称	交流定子浸渍绝缘处理
材质等信息：无	

职业技能鉴定技能操作考核准备单

职业名称	绝缘处理浸渍工
考核等级	中级工
试题名称	交流定子的浸渍绝缘处理

一、材料准备

1. 浸渍漆、表面漆。
2. 脱模剂、刷子、擦机布。
3. 螺栓、平垫、弹垫等。

二、设备、工、量、卡具准备清单

序　号	名　称	规　格	数　量	备　注
1	浸渍设备	ϕ2.2 m	1	
2	烘箱	3 300 mm×3 300 mm×2 000 mm	2	
3	兆欧表	1 000 V	1	
4	介质损耗测试仪	0～10 kV	1	
5	涂 4 黏度杯		1	
6	天平	2 kg,0.1 g	1	
7	力矩扳手	40～200 N·m	1	
8	丝锥	M12、M16、M20、M24	4	
9	喷枪		1	

三、考场准备

1. 相应的公用设备、设备与器具等。
2. 相应的场地及安全防范措施。
3. 其他准备。

四、考核内容及要求

1. 考核内容

根据产品类型按工艺要求完成浸渍、烘焙、测量、清理、表面绝缘处理以及设备维护保养。

2. 考核时限

满足国家职业技能标准中的要求,本试题为 360 min。

3. 考核评分(表)

职业名称	绝缘处理浸渍工		考核等级	中级工	
试题名称	交流定子的浸渍绝缘处理		考核时限	360 min	
鉴定项目	考核内容	配分	评分标准	扣分说明	得分
阅读技术文件	表述浸渍漆、表面漆种类,工艺过程,浸渍工艺参数,烘焙工艺参数	5	错误一项全扣		
	表述浸漆关键项点、特殊过程重要参数标准	5	错误一项全扣		
	表述防火、防爆、防污染的有关规定	5	错误一项全扣		
浸渍	对绝缘漆进行过滤操作,确保绝缘漆清洁	3	不能操作全扣		
	清理漆槽、漆罐、过滤器中异物	4	未清理干净全扣		
	独立完成添加绝缘漆	3	不能操作全扣		
	对浸渍过程的操作控制程序中的液位、温度等工艺参数进行更改设定	3	不能操作全扣		
	在操作界面输入工件号等信息、输出浸渍过程图片	3	不能操作全扣		
	根据浸渍过程中设备各部件正常状态反映出来的参数等信息,能够独立判断出设备状态	3	不能操作全扣		
	对绝缘漆进行过滤操作,确保绝缘漆清洁	3	不能操作全扣		
烘焙	支撑式旋转烘箱支撑跨度、高度调整	3	不能操作全扣		
	辊杠式旋转烘箱辊杠间距调整	3	不能操作全扣		
	独立完成工件安全吊运及放置进烘箱	3	不能操作全扣		
	独立完成烘箱移动平车的安全操作	3	不能操作全扣		
	独立完成烘焙工艺参数的调整设定	4	不能操作全扣		
	烘箱温度远程集中监测的工件号等信息输入、输出烘焙过程图	4	不能操作全扣		
测量	可靠连接电阻测量线,测量并记录数值	3	不能操作全扣		
	可靠连接浸水绝缘电阻测量线,测量并记录数值	3	不能操作全扣		
	可靠连接介质损耗测量线,测量并记录数值	3	不能操作全扣		
表面绝缘处理	对 TJ1357-2 表面漆进行配比	3	操作错误全扣		
	对非涂覆面进行防护	3	操作错误全扣		
	正确实施工艺,喷涂达到质量要求,漆膜光滑、平整、无漏喷	3	不能达到要求全扣		
浸渍设备维护保养	对真空泵油进行添加和更换	2	不能操作全扣		
	初级泵维护保养	2	不能操作全扣		
	真空传感器维护保养	2	不能操作全扣		
	冷凝器维护保养	2	不能操作全扣		
	过滤器维护保养	2	不能操作全扣		
	热交换器维护保养	2	不能操作全扣		
	管道密封维护保养	2	不能操作全扣		
	液位计维护保养	2	不能操作全扣		
	液压系统的维护保养	2	不能操作全扣		

续上表

鉴定项目	考核内容	配分	评分标准	扣分说明	得分
烘焙设备维护保养	使用万用表测量 Pt100 电阻，判断示值是否正确	2	不能操作全扣		
	加热管的维护、保养	2	不能操作全扣		
	辊杠烘箱辊杠轴承的维护、保养	2	不能操作全扣		
	烘箱链传动机构的维护、保养	1	不能操作全扣		
质量、安全、工艺纪律、文明生产等综合考核项目	考核时限	不限	超时停止操作		
	工艺纪律	不限	依据企业有关工艺纪律管理规定执行，每违反一次扣 10 分		
	劳动保护	不限	依据企业有关劳动保护管理规定执行，每违反一次扣 10 分		
	文明生产	不限	依据企业有关文明生产管理规定执行，每违反一次扣 10 分		
	安全生产	不限	依据企业有关安全生产管理规定执行，每违反一次扣 10 分，有重大安全事故，取消成绩		

4. 技术要求

(1)操作时未正确穿戴劳动防护用品，视为不及格。

(2)读图、阅读工艺文件部分不能说出浸渍漆、表面漆、浸渍方式、烘焙方式、工装种类、浸渍工艺参数、烘焙工艺参数、试验要求等内容，视为不及格。

(3)不能独立完成操作(除必须辅助作业外)及操作过程中出现用错材料、工装、工具、仪器仪表等问题，视为不及格。

5. 考试规则

(1)违反工艺纪律、安全操作、文明生产、劳动保护等，视为不及格。

(2)有重大安全事故、考试作弊者取消其考试资格，判零分。

职业技能鉴定技能考核制件(内容)分析

职业名称	绝缘处理浸渍工
考核等级	中级工
试题名称	交流定子的浸渍绝缘处理
职业标准依据	绝缘处理浸渍工中国中车职业标准

试题中鉴定项目及鉴定要素的分析与确定

鉴定项目分类 / 分析事项	基本技能“D”	专业技能“E”	相关技能“F”	合计	数量与占比说明
鉴定项目总数	3	5	3	11	核心技能“E”满足鉴定项目占比高于2/3的要求
选取的鉴定项目数量	1	4	2	7	
选取的鉴定项目数量占比(%)	33.3	80	66.7	63.6	
对应选取鉴定项目所包含的鉴定要素总数	5	30	19	54	鉴定要素数量占比大于60%
选取的鉴定要素数量	3	19	13	35	
选取的鉴定要素数量占比(%)	60	63.3	68	64.8	

所选取鉴定项目及相应鉴定要素分解与说明

鉴定项目类别	鉴定项目名称	国家职业标准规定比重(%)	《框架》中鉴定要素名称	本命题中具体鉴定要素分解	配分	评分标准	考核难点说明
“D”	阅读技术文件	15	能够充分理解并表达工艺技术文件的内容	表述浸渍漆、表面漆种类，工艺过程，浸渍工艺参数，烘焙工艺参数	5	错误一项全扣	
			能够充分理解并表达浸渍关键项点、特殊过程重要参数标准	表述浸漆关键项点、特殊过程重要参数标准	5	错误一项全扣	
			能够充分理解并表达防火、防爆、防污染的有关规定	表述防火、防爆、防污染的有关规定	5	错误一项全扣	
“E”	浸渍	60	按工艺要求对绝缘漆进行过滤操作，确保绝缘漆清洁	对绝缘漆进行过滤操作，确保绝缘漆清洁	3	不能操作全扣	难点
			按工艺要求对漆槽、漆罐、过滤器进行清理	清理漆槽、漆罐、过滤器中异物	4	未清理干净全扣	
			掌握对设备添加各种绝缘漆和辅料的操作方法和要求，能够独立完成	独立完成添加绝缘漆	3	不能操作全扣	

续上表

鉴定项目类别	鉴定项目名称	国家职业标准规定比重(%)	《框架》中鉴定要素名称	本命题中具体鉴定要素分解	配分	评分标准	考核难点说明
"E"	浸渍	60	能够对浸渍过程的操作控制程序中的液位、温度等工艺参数进行更改设定	对浸渍过程的操作控制程序中的液位、温度等工艺参数进行更改设定	3	不能操作全扣	难点
			熟练掌握人机对话操作及参数输入、输出	在操作界面输入工件号等信息、输出浸渍过程图片	3	不能操作全扣	
			熟练掌握浸渍过程中设备各部件正常状态反映出来的参数等信息，能够独立判断出设备状态	根据浸渍过程中设备各部件正常状态反映出来的参数等信息，能够独立判断出设备状态	3	不能操作全扣	
			按工艺要求对绝缘漆进行过滤操作，确保绝缘漆清洁	对绝缘漆进行过滤操作，确保绝缘漆清洁	3	不能操作全扣	难点
	烘焙		支撑式旋转烘箱支撑跨度、高度调整	支撑式旋转烘箱支撑跨度、高度调整	3	不能操作全扣	
			辊杠式旋转烘箱的辊杠间距调整	辊杠式旋转烘箱辊杠间距调整	3	不能操作全扣	
			熟练掌握工件进烘箱的安全吊运及放置，能够独立完成	独立完成工件安全吊运及放置进烘箱	3	不能操作全扣	
			熟练掌握烘箱移动平车的安全操作，能够独立完成	独立完成烘箱移动平车的安全操作	3	不能操作全扣	
			熟练掌握工艺参数的调整设定，能够独立完成设置	独立完成烘焙工艺参数的调整设定	4	不能操作全扣	
			熟练掌握烘箱温度远程集中监测的人机对话及参数输入、输出	烘箱温度远程集中监测的工件号等信息输入、输出烘焙过程图	4	不能操作全扣	
	测量		能够按工艺要求可靠连接电阻测量线，测量并记录数值	可靠连接电阻测量线，测量并记录数值	3	不能操作全扣	难点

续上表

鉴定项目类别	鉴定项目名称	国家职业标准规定比重(%)	《框架》中鉴定要素名称	本命题中具体鉴定要素分解	配分	评分标准	考核难点说明
“E”	测量	60	能够按工艺要求可靠连接浸水绝缘电阻测量线,测量并记录数值	可靠连接浸水绝缘电阻测量线,测量并记录数值	3	不能操作全扣	难点
			能够按工艺要求可靠连接介质损耗测量线,测量并记录数值	可靠连接介质损耗测量线,测量并记录数值	3	不能操作全扣	
	表面绝缘处理		按工艺要求对表面漆进行配比	对TJ1357-2表面漆进行配比	3	操作错误全扣	难点
			按工艺要求对非涂覆面进行防护	对非涂覆面进行防护	3	操作错误全扣	
			正确实施工艺,喷涂达到质量要求,漆膜光滑、平整、无漏喷	正确实施工艺,喷涂达到质量要求,漆膜光滑、平整、无漏喷	3	不能达到要求全扣	
“F”	浸渍设备维护保养	25	对设备的各部件正常工作所需介质进行添加和更换	对真空泵油进行添加和更换	2	不能操作全扣	
			初级泵的分类、原理及维护、保养	初级泵维护保养	2	不能操作全扣	
			真空传感器的原理及维护、保养	真空传感器维护保养	2	不能操作全扣	
			冷凝器的原理及维护、保养	冷凝器维护保养	2	不能操作全扣	
	烘焙设备维护保养		过滤器的原理及维护、保养	过滤器维护保养	2	不能操作全扣	
			热交换器的原理及维护、保养	热交换器维护保养	2	不能操作全扣	
			管道密封的维护、保养	管道密封维护保养	2	不能操作全扣	
			液位计的分类、原理及维护、保养	液位计维护保养	2	不能操作全扣	
			液压系统的维护、保养	液压系统的维护保养	2	不能操作全扣	
			能够使用万用表测量Pt100电阻,判断示值是否正确	使用万用表测量Pt100电阻,判断示值是否正确	2	不能操作全扣	
			加热管的维护、保养	加热管的维护、保养	2	不能操作全扣	
			辊杠烘箱辊杠轴承的维护、保养	辊杠烘箱辊杠轴承的维护、保养	2	不能操作全扣	
			烘箱链传动机构的维护、保养	烘箱链传动机构的维护、保养	1	不能操作全扣	

续上表

鉴定项目类别	鉴定项目名称	国家职业标准规定比重(%)	《框架》中鉴定要素名称	本命题中具体鉴定要素分解	配分	评分标准	考核难点说明
质量、安全、工艺纪律、文明生产等综合考核项目				考核时限	不限	超时停止考核	
				工艺纪律	不限	依据企业有关工艺纪律管理规定执行,每违反一次扣10分	
				劳动保护	不限	依据企业有关劳动保护管理规定执行,每违反一次扣10分	
				文明生产	不限	依据企业有关文明生产管理规定执行,每违反一次扣10分	
				安全生产	不限	依据企业有关安全生产管理规定执行,每违反一次扣10分,有重大安全事故,取消成绩	

绝缘处理浸渍工(高级工)技能操作考核框架

一、框架说明

1. 依据《国家职业标准》注,以及中国中车确定的“岗位个性服从于职业共性”的原则,提出绝缘处理浸渍工(高级工)技能操作考核框架(以下简称:技能考核框架)。

2. 本职业等级技能操作考核评分采用百分制。即:满分为 100 分,60 分为及格,低于 60 分为不及格。

3. 实施“技能考核框架”时,考核制件(活动)命题可以选用本企业的加工件(活动项目),也可以结合实际另外组织命题。

4. 实施“技能考核框架”时,考核的时间和场地条件等应依据《国家职业标准》,并结合企业实际确定。

5. 实施“技能考核框架”时,其“职业功能”的分类按以下要求确定:

(1)“浸渍过程”属于本职业等级技能操作的核心职业活动,其“项目代码”为“E”。

(2)“工艺准备”、“设备维护保养”、“培训与指导”属于本职业等级技能操作的辅助性活动,其“项目代码”分别为“D”和“F”。

6. 实施“技能考核框架”时,其“鉴定项目”和“选考数量”按以下要求确定:

(1)按照《国家职业标准》有关技能操作鉴定比重的要求,本职业等级技能操作考核制件的“鉴定项目”应按“D”+“E”+“F”组合,其考核配分比例相应为“D”占 15 分,“E”占 55 分,“F”占 30 分。

(2)依据中国中车确定的“核心职业活动选取 2/3,并向上取整”的规定,在“E”类鉴定项目——“浸渍过程”的全部 5 项中,至少选取 4 项。

(3)依据中国中车确定的“其余‘鉴定项目’的数量可以任选”的规定,“D”和“F”类鉴定项目——“工艺准备”、“设备维护保养”、“培训与指导”中,至少分别选取 1 项。

(4)依据中国中车确定的“确定‘选考数量’时,所涉及‘鉴定要素’的数量占比,应不低于对应‘鉴定项目’范围内‘鉴定要素’总数的 60%,并向上取整”的规定,考核制件的鉴定要素“选考数量”应按以下要求确定:

①在“D”类“鉴定项目”中,在已选定的至少 1 个鉴定项目中,至少选取已选鉴定项目所对应的全部鉴定要素的 60%项,并向上保留整数。

②在“E”类“鉴定项目”中,在已选定的至少 4 个鉴定项目所包含的全部鉴定要素中,至少选取总数的 60%项,并向上保留整数。

③在“F”类“鉴定项目”中,对应“设备维护保养”、“培训与指导”,在已选定的鉴定项目中,至少分别选取已选鉴定项目所对应的全部鉴定要素的 60%项,并向上保留整数。

举例分析:

按照上述“第 6 条”要求,若命题时按最少数量选取,即:在“D”类鉴定项目中的选取了“阅读技术文件”1 项,在“E”类鉴定项目中选取了“浸渍”、“烘焙”、“测量”、“表面绝缘处理”4 项,在“F”类鉴定项目中分别选取了“浸渍设备维护保养”、“指导操作”2 项，则：

此考核制件所涉及的“鉴定项目”总数为 7 项，具体包括：“阅读技术文件”、“浸渍”、“烘焙”、“测量”、“表面绝缘处理”、“浸渍设备维护保养”、“指导操作”。

此考核制件所涉及的鉴定要素“选考数量”相应为 37 项，具体包括：“阅读技术文件”鉴定项目包含的全部 7 个鉴定要素中的 5 项，“浸渍”、“烘焙”、“测量”、“表面绝缘处理”4 个鉴定项目包括的全部 34 个鉴定要素中的 21 项，“浸渍设备维护保养”鉴定项目包含的全部 13 个鉴定要素中的 8 项，“指导操作”鉴定项目包含的全部 4 个鉴定要素中的 3 项。

7. 本职业等级技能操作需要两人及以上共同作业的，可由鉴定组织机构根据“必要、辅助”的原则，结合实际情况确定协助人员的数量。在整个操作过程中，协助人员只能起必要、简单的辅助作用。否则，每违反一次，至少扣减应考者的技能考核总成绩 10 分，直至取消其考试资格。

8. 实施“技能考核框架”时，应同时对应考者在质量、安全、工艺纪律、文明生产等方面行为进行考核。对于在技能操作考核过程中出现的违章作业现象，每违反一项(次)至少扣减技能考核总成绩 10 分，直至取消其考试资格。

注：按照中国中车规定，各《职业技能操作考核框架》的编制依据现行的《国家职业标准》或现行的《行业职业标准》或现行的《中国中车职业标准》的顺序执行。

二、绝缘处理浸渍工(高级工)技能操作鉴定要素细目表

职业功能	鉴定项目				鉴定要素		
	项目代码	名称	鉴定比重(%)	选考方式	要素代码	名称	重要程度
工艺准备	D	读图	15	任选	001	能看懂并表达出产品零件图的全部内容	X
					002	能看懂并表达出工艺装备图的全部内容	X
					003	能看懂浸渍设备原理图并表达出原理	Y
					004	能看懂烘焙设备原理图并表达出原理	Y
					005	能看懂翻身设备原理图并表达出原理	Y
		阅读技术文件			001	能够充分理解并表达工艺技术文件的内容	X
					002	能够充分理解并表达质量文件的内容	Y
					003	能够充分理解并表达浸渍关键项点、特殊过程重要参数标准	X
					004	能够充分理解并表达防火、防爆、防污染的有关规定	Y
					005	能够充分理解并表达出浸渍漆、表面漆等材料的使用说明书及 MSDS	Y
					006	能够对需要的工艺装备提出设计制作要求	Y
					007	能够对工艺方案、质量保证措施、质量检测方案等技术文件提出改进意见	Y

续上表

职业功能	鉴定项目				鉴定要素		
	项目代码	名称	鉴定比重(%)	选考方式	要素代码	名称	重要程度
工艺准备	D	工具、仪器、仪表、工装、设备的使用	15	任选	001	能够按工艺技术文件准备相应的工具、工装、材料等	X
					002	能够熟练使用工艺装备,并能够保证人身、工件、工装安全	X
					003	能够熟练使用兆欧表,并能够保证人身、仪表安全	X
					004	能够熟练使用浸渍装备,并能够保证人身、工件、工装安全	X
					005	能够熟练使用烘焙装备,并能够保证人身、工件、工装安全	X
					006	能够熟练使用翻身装备,并能够保证人身、工件、工装安全	X
					007	能够熟练使用介质损耗测试仪,并能够保证人身、工件、工装安全	X
浸渍过程	E	浸渍	55	至少选4项	001	按工艺文件的内容要求完成浸渍作业	X
					002	按工艺要求选择浸渍的工艺流程方式	X
					003	能够按要求正确采取漆样、送检	X
					004	按工艺要求对绝缘漆进行过滤操作,确保绝缘漆清洁	X
					005	按工艺要求对漆槽、漆罐、过滤器进行清理	X
					006	掌握对设备添加各种绝缘漆和辅料的操作方法和要求,能够独立完成	X
					007	能够对浸渍过程的操作控制程序中的液位、温度等工艺参数进行更改设定	X
					008	熟练掌握人机对话操作及参数输入、输出	X
					009	熟练掌握浸渍过程中设备各部件正常状态反映出来的参数等信息,能够独立判断出设备状态	X
					010	设备发生故障时能够做出正确的操作,避免发生质量问题	X
		烘焙			001	按工艺要求完成烘焙	X
					002	按工艺要求选择正确的烘焙方式	X
					003	支撑式旋转烘箱跨度、高度调整	X
					004	辊杠式旋转烘箱间距调整	X
					005	熟练掌握工件进烘箱的安全吊运及放置,能够独立完成	X
					006	熟练掌握烘箱移动平车的安全操作,能够独立完成	X
					007	熟练掌握工艺参数的调整设定,能够独立完成设置	X
					008	熟练掌握烘箱温度远程集中监测的人机对话及参数输入、输出	X
					009	设备发生故障时能够做出正确的操作,避免发生质量问题	X

续上表

职业功能	鉴定项目				鉴定要素		
	项目代码	名称	鉴定比重（%）	选考方式	要素代码	名称	重要程度
浸渍过程	E	测量	55	至少选4项	001	能够按要求测量绝缘漆黏度	X
					002	能够按要求对绝缘漆黏度进行调整	X
					003	能够按工艺要求可靠连接电容测量线，测量并记录数值	X
					004	能够按工艺要求可靠连接电阻测量线，测量并记录数值	X
					005	能够按工艺要求可靠连接浸水绝缘电阻测量线，测量并记录数值	X
					006	能够按工艺要求可靠连接介质损耗测量线，测量并记录数值	X
					007	能够根据测量结果判断是否合格，并分析原因，提出解决方案	X
		清理			001	使用脱模材料对非浸渍面进行防护	X
					002	熟练掌握各种工装的拆卸及清理	X
					003	选择正确的丝锥过丝	X
					004	选择正确工具，使用正确方法，清理需清理部位	X
					005	能够安全操作，防止工件损伤	X
					006	注意人身安全，避免烫伤、砸伤等意外伤害	X
					007	能够根据装配图纸提出最合理的清理区域	X
		表面绝缘处理			001	按工艺要求对非涂覆面进行防护	X
					002	按工艺要求对表面漆进行配比	X
					003	按工艺要求调整表面漆的黏度	X
					004	按工艺要求对涂覆面进行防护	X
					005	熟练掌握喷漆操作要领	X
					006	按工艺要求烘干或晾干	X
					007	正确实施工艺，喷涂达到质量要求，漆膜光滑、平整、无漏喷	X
					008	能够对喷涂不合格的产品进行处理	X
设备维护保养	F	浸渍设备维护保养	30	任选	001	能发现并排除设备运行过程中出现的故障	X
					002	对设备的各部件正常工作所需介质进行添加和更换	X
					003	罗茨泵的原理及维护、保养	X
					004	初级泵的分类、原理及维护、保养	X
					005	无热再生吸附式干燥机的原理及维护、保养	X

续上表

职业功能	鉴定项目				鉴定要素		
	项目代码	名称	鉴定比重%	选考方式	要素代码	名称	重要程度
设备维护保养	F	浸渍设备维护保养	30	任选	006	真空传感器的原理及维护、保养	X
					007	压力传感器的原理及维护、保养	X
					008	冷凝器的原理及维护、保养	X
					009	过滤器的原理及维护、保养	X
					010	热交换器的原理及维护、保养	X
					011	管道密封的维护、保养	X
					012	液位计的分类、原理及维护、保养	X
					013	液压系统的维护、保养	X
		烘焙设备维护保养			001	能发现并排除设备运行过程中出现的故障	X
					002	熟悉温控仪表代码的含义	X
					003	能够对烘箱温度均匀度的测量	X
					004	能够使用万用表测量Pt100电阻,判断示值是否正确	X
					005	加热管的维护、保养	X
					006	辊杠烘箱辊杠轴承的维护、保养	X
					007	烘箱链传动机构的维护、保养	X
					008	烘箱内各种电机的维护、保养	X
		翻身设备维护保养		必选	001	能发现并排除设备运行过程中出现的故障	X
					002	液压系统的维护、保养	X
					003	电气系统的维护、保养	X
培训与指导		指导操作			001	能指导初、中级工操作浸渍设备	Z
					002	能指导初、中级工操作烘焙设备	Z
					003	能指导初、中级工操作翻身设备	Z
					004	能指导初、中级工操作吊运设备	Z

中国中车
CRRC

绝缘处理浸渍工(高级工)
技能操作考核样题与分析

职 业 名 称：________________

考 核 等 级：________________

存 档 编 号：________________

考核站名称：________________

鉴定责任人：________________

命题责任人：________________

主管负责人：________________

中国中车股份有限公司劳动工资部制

职业技能鉴定技能操作考核制件图示

职业活动描述：
交流定子浸渍绝缘处理

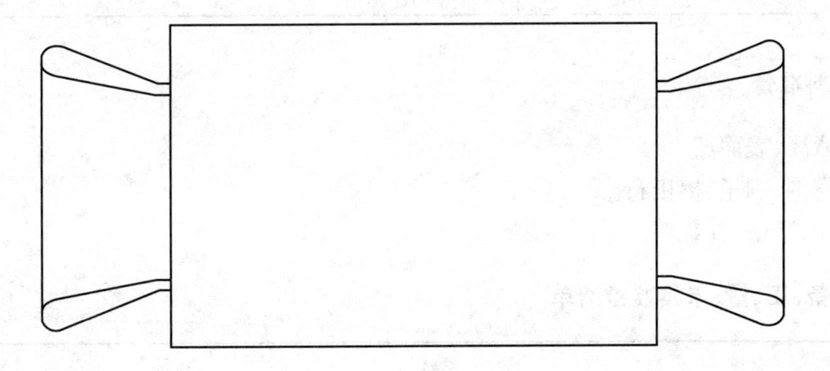

职业名称	绝缘处理浸渍工
考核等级	高级工
试题名称	交流定子浸渍绝缘处理
材质等信息:45 号钢	

职业技能鉴定技能操作考核准备单

职业名称	绝缘处理浸渍工
考核等级	高级工
试题名称	交流定子的浸渍绝缘处理

一、材料准备

1. 浸渍漆、表面漆。
2. 脱模剂、刷子、擦机布。
3. 螺栓、平垫、弹垫等。

二、设备、工、量、卡具准备清单

序号	名称	规格	数量	备注
1	浸渍设备	ϕ2.2 m	1	
2	烘箱	3 300 mm×3 300 mm×2 000 mm	2	
3	兆欧表	1 000 V	1	
4	介质损耗测试仪	0～10 kV	1	
5	涂 4 黏度杯		1	
6	天平	2 kg,0.1 g	1	
7	力矩扳手	40～200 N·m	1	
8	丝锥	M12、M16、M20、M24	4	
9	喷枪		1	

三、考场准备

1. 相应的公用设备、设备与器具等。
2. 相应的场地及安全防范措施。
3. 其他准备。

四、考核内容及要求

1. 考核内容

根据产品类型按工艺要求完成浸渍、烘焙、测量、清理、表面绝缘处理,以及设备维护保养、对初级工的培训指导。

2. 考核时限

满足国家职业技能标准中的要求,本试题为 480 min。

3. 考核评分(表)

职业名称	绝缘处理浸渍工		考核等级	高级工	
试题名称	交流定子的浸渍绝缘处理		考核时限	480 min	
鉴定项目	考核内容	配分	评分标准	扣分说明	得分
阅读技术文件	表述浸漆关键项点、特殊过程重要参数标准	2	错误扣2分		
	表述防火、防爆、防污染的有关规定	1	错误扣1分		
	表述浸H62C漆的使用说明书及MSDS	1	错误扣1分		
工具、仪器、仪表、工装、设备的使用	对工艺方案提出改进意见	1	错误扣1分		
	按工艺技术文件准备相应的工具、工装、材料等	2	错误/缺少一项扣1分		
	熟练使用工艺装备，并能够保证人身、工件、工装安全	2	操作错误扣2分		
	熟练使用兆欧表，并能够保证人身、仪表安全	2	操作错误扣2分		
	熟练使用浸漆装备，并能够保证人身、工件、工装安全	2	操作错误扣2分		
	熟练使用翻身装备，并能够保证人身、工件、工装安全	2	操作错误扣2分		
浸漆	对绝缘漆进行过滤操作，确保绝缘漆清洁	3	操作错误不得分		
	对漆槽、漆罐、过滤器进行清理	3	操作错误不得分		
	独立完成添加绝缘漆	2	操作错误不得分		
	对浸漆过程的操作控制程序中的液位、温度等工艺参数进行更改设定	3	操作错误不得分		
	在操作界面输入工件号等信息、输出浸渍过程图片	3	操作错误不得分		
	根据浸漆过程中设备各部件正常状态反映出来的参数等信息，独立判断出设备状态	3	操作错误不得分		
	设备发生故障时能够做出正确的操作	3	操作错误不得分		
烘焙	独立完成工件安全吊运及放置进烘箱	3	操作错误不得分		
	独立完成烘箱移动平车的安全操作	3	操作错误不得分		
	独立完成烘焙工艺参数的调整设定	3	操作错误不得分		
	烘箱温度远程集中监测的工件号等信息输入、输出烘焙过程图	3	操作错误不得分		
	设备发生故障时做出正确的操作	3	操作错误不得分		
测量	可靠连接电容测量线，测量并记录数值	2	操作错误不得分		
	可靠连接浸水绝缘电阻测量线，测量并记录数值	2	操作错误不得分		
	可靠连接介质损耗测量线，测量并记录数值	3	操作错误不得分		
	能够根据测量结果判断是否合格，并分析原因，提出解决方案	3	操作错误不得分		
表面绝缘处理	对非涂覆面进行防护	2	操作错误不得分		
	正确喷漆作业	2	操作错误不得分		
	对涂覆面进行防护	2	操作错误不得分		
	正确实施工艺，喷涂达到质量要求，漆膜光滑、平整、无漏喷	2	操作错误不得分		
	能够对喷涂不合格的产品进行处理	2	操作错误不得分		

续上表

鉴定项目	考核内容	配分	评分标准	扣分说明	得分
浸渍设备维护保养	初级泵的维护保养	1	操作错误不得分		
	冷凝器维护保养	1	操作错误不得分		
	过滤器维护保养	1	操作错误不得分		
	热交换器维护保养	1	操作错误不得分		
	管道密封的维护保养	2	操作错误不得分		
	液位计维护保养	1	操作错误不得分		
	液压系统的维护、保养	2	操作错误不得分		
	能发现并排除设备运行过程中出现的故障	2	操作错误不得分		
烘焙设备维护保养	表述温控仪表代码的含义	1	操作错误不得分		
	对烘箱温度均匀度的测量	1	操作错误不得分		
	使用万用表测量Pt100电阻，判断示值是否正确	2	操作错误不得分		
	辊杠烘箱辊杠轴承的维护、保养	1	操作错误不得分		
	烘箱链传动机构的维护、保养	1	操作错误不得分		
	烘箱内鼓风电机的维护、保养	1	操作错误不得分		
	能发现并排除设备运行过程中出现的故障	2	操作错误不得分		
指导操作	能指导初、中级工操作浸漆设备	4	错误不得分		
	能指导初、中级工操作烘焙设备	4	错误不得分		
	能指导初、中级工操作翻身设备	2	错误不得分		
质量、安全、工艺纪律、文明生产等综合考核项目	考核时限	不限	超时停止操作		
	工艺纪律	不限	依据企业有关工艺纪律管理规定执行，每违反一次扣10分		
	劳动保护	不限	依据企业有关劳动保护管理规定执行，每违反一次扣10分		
	文明生产	不限	依据企业有关文明生产管理规定执行，每违反一次扣10分		
	安全生产	不限	依据企业有关安全生产管理规定执行，每违反一次扣10分，有重大安全事故，取消成绩		

4. 技术要求

(1)操作时未正确穿戴劳动防护用品，视为不合格。

(2)读图、阅读工艺文件部分：不能说出浸渍漆、表面漆、浸渍方式、烘焙方式、工装种类、浸渍工艺参数、烘焙工艺参数、试验要求等内容，视为不合格。

(3)不能独立完成操作(除必须辅助作业外)及操作过程中出现用错材料、工装、工具、仪器仪表等问题，视为不合格。

5. 考试规则

(1)违反工艺纪律、安全操作、文明生产、劳动保护等，视为不合格。

(2)有重大安全事故、考试作弊者取消其考试资格，判零分。

职业技能鉴定技能考核制件(内容)分析

职业名称	绝缘处理浸渍工
考核等级	高级工
试题名称	交流定子的浸渍绝缘处理
职业标准依据	绝缘处理浸渍工中国中车职业标准

试题中鉴定项目及鉴定要素的分析与确定

鉴定项目分类 分析事项	基本技能“D”	专业技能“E”	相关技能“F”	合计	数量与占比说明
鉴定项目总数	3	5	4	12	核心技能“E”满足鉴定项目占比高于2/3的要求
选取的鉴定项目数量	2	4	3	9	
选取的鉴定项目数量占比(%)	67	80	80	75	
对应选取鉴定项目所包含的鉴定要素总数	14	34	25	73	鉴定要素数量占比大于60%
选取的鉴定要素数量	9	21	18	48	
选取的鉴定要素数量占比(%)	64	62	72	66	

所选取鉴定项目及相应鉴定要素分解与说明

鉴定项目类别	鉴定项目名称	国家职业标准规定比重(%)	《框架》中鉴定要素名称	本命题中具体鉴定要素分解	配分	评分标准	考核难点说明
“D”	阅读技术文件	15	能够充分理解并表达浸渍关键项点、特殊过程重要参数标准	表述浸漆关键项点、特殊过程重要参数标准	2	错误扣2分	
			能够充分理解并表达防火、防爆、防污染的有关规定	表述防火、防爆、防污染的有关规定	1	错误扣1分	
			能够充分理解并表达出浸渍漆、表面漆等材料的使用说明书及MSDS	表述浸H62C漆的使用说明书及MSDS	1	错误扣1分	
			能够对工艺方案、质量保证措施、质量检测方案等技术文件提出改进意见	对工艺方案提出改进意见	1	错误扣1分	
	工具、仪器、仪表、工装、设备的使用		能够按工艺技术文件准备相应的工具、工装、材料等	按工艺技术文件准备相应的工具、工装、材料等	2	错误/缺少一项扣1分	
			能够熟练使用工艺装备，并能够保证人身、工件、工装安全	熟练使用工艺装备，并能够保证人身、工件、工装安全	2	操作错误扣2分	

续上表

鉴定项目类别	鉴定项目名称	国家职业标准规定比重(%)	《框架》中鉴定要素名称	本命题中具体鉴定要素分解	配分	评分标准	考核难点说明
"D"	工具、仪器、仪表、工装、设备的使用	15	能够熟练使用兆欧表,并能够保证人身、仪表安全	熟练使用兆欧表,并能够保证人身、仪表安全	2	操作错误扣2分	
			能够熟练使用浸渍装备,并能够保证人身、工件、工装安全	熟练使用浸漆装备,并能够保证人身、工件、工装安全	2	操作错误扣2分	
			能够熟练使用翻身装备,并能够保证人身、工件、工装安全	熟练使用翻身装备,并能够保证人身、工件、工装安全	2	操作错误扣2分	
"E"	浸渍	55	按工艺要求对绝缘漆进行过滤操作,确保绝缘漆清洁	对绝缘漆进行过滤操作,确保绝缘漆清洁	3	操作错误不得分	
			按工艺要求对漆槽、漆罐、过滤器进行清理	对漆槽、漆罐、过滤器进行清理	3	操作错误不得分	
			掌握对设备添加各种绝缘漆和辅料的操作方法和要求,能够独立完成	独立完成添加绝缘漆	2	操作错误不得分	
			能够对浸渍过程的操作控制程序中的液位、温度等工艺参数进行更改设定	对浸漆过程的操作控制程序中的液位、温度等工艺参数进行更改设定	3	操作错误不得分	难点
			熟练掌握人机对话操作及参数输入、输出	在操作界面输入工件号等信息、输出浸渍过程图片	3	操作错误不得分	
			熟练掌握浸渍过程中设备各部件正常状态反映出来的参数等信息,能够独立判断出设备状态	根据浸漆过程中设备各部件正常状态反映出来的参数等信息,独立判断出设备状态	3	操作错误不得分	
			设备发生故障时能够做出正确的操作,避免发生质量问题	设备发生故障时能够做出正确的操作	3	操作错误不得分	难点

续上表

鉴定项目类别	鉴定项目名称	国家职业标准规定比重(%)	《框架》中鉴定要素名称	本命题中具体鉴定要素分解	配分	评分标准	考核难点说明
"E"	烘焙	55	熟练掌握工件进烘箱的安全吊运及放置,能够独立完成	独立完成工件安全吊运及放置进烘箱	3	操作错误不得分	
			熟练掌握烘箱移动平车的安全操作,能够独立完成	独立完成烘箱移动平车的安全操作	3	操作错误不得分	难点
			熟练掌握工艺参数的调整设定,能够独立完成设置	独立完成烘焙工艺参数的调整设定	3	操作错误不得分	
			熟练掌握烘箱温度远程集中监测的人机对话及参数输入、输出	烘箱温度远程集中监测的工件号等信息输入、输出烘焙过程图	3	操作错误不得分	
			设备发生故障时能够做出正确的操作,避免发生质量问题	设备发生故障时做出正确的操作	3	操作错误不得分	
	测量		能够按工艺要求可靠连接电容测量线,测量并记录数值	可靠连接电容测量线,测量并记录数值	2	操作错误不得分	难点
			能够按工艺要求可靠连接电阻测量线,测量并记录数值	可靠连接浸水绝缘电阻测量线,测量并记录数值	2	操作错误不得分	
			能够按工艺要求可靠连接介质损耗测量线,测量并记录数值	可靠连接介质损耗测量线,测量并记录数值	3	操作错误不得分	
			能够根据测量结果判断是否合格,并分析原因,提出解决方案	能够根据测量结果判断是否合格,并分析原因,提出解决方案	3	操作错误不得分	
	表面绝缘处理		按工艺要求对非涂覆面进行防护	对非涂覆面进行防护	2	操作错误不得分	难点
			熟练掌握喷漆操作要领	正确喷漆作业	2	操作错误不得分	
			按工艺要求对涂覆面进行防护	对涂覆面进行防护	2	操作错误不得分	

续上表

鉴定项目类别	鉴定项目名称	国家职业标准规定比重(%)	《框架》中鉴定要素名称	本命题中具体鉴定要素分解	配分	评分标准	考核难点说明
"E"	表面绝缘处理	55	正确实施工艺，喷涂达到质量要求，漆膜光滑、平整、无漏喷	正确实施工艺，喷涂达到质量要求，漆膜光滑、平整、无漏喷	2	操作错误不得分	难点
			能够对喷涂不合格的产品进行处理	能够对喷涂不合格的产品进行处理	2	操作错误不得分	
"F"	浸渍设备维护保养	30	初级泵的分类、原理及维护、保养	初级泵的维护保养	1	操作错误不得分	
			冷凝器的原理及维护、保养	冷凝器维护保养	1	操作错误不得分	
			过滤器的原理及维护、保养	过滤器维护保养	1	操作错误不得分	
			热交换器的原理及维护、保养	热交换器维护保养	1	操作错误不得分	
			管道密封的维护、保养	管道密封的维护保养	2	操作错误不得分	
			液位计的分类、原理及维护、保养	液位计维护保养	1	操作错误不得分	
			液压系统的维护、保养	液压系统的维护、保养	2	操作错误不得分	
			能发现并排除设备运行过程中出现的故障	能发现并排除设备运行过程中出现的故障	2	操作错误不得分	
	烘焙设备维护保养		熟悉温控仪表代码的含义	表述温控仪表代码的含义	1	操作错误不得分	
			能够对烘箱温度均匀度的测量	对烘箱温度均匀度的测量	1	操作错误不得分	
			能够使用万用表测量Pt100电阻，判断示值是否正确	使用万用表测量Pt100电阻，判断示值是否正确	2	操作错误不得分	
			辊杠烘箱辊杠轴承的维护、保养	辊杠烘箱辊杠轴承的维护、保养	1	操作错误不得分	
			烘箱链传动机构的维护、保养	烘箱链传动机构的维护、保养	1	操作错误不得分	
			烘箱内各种电机的维护、保养	烘箱内鼓风电机的维护、保养	1	操作错误不得分	

续上表

鉴定项目类别	鉴定项目名称	国家职业标准规定比重(%)	《框架》中鉴定要素名称	本命题中具体鉴定要素分解	配分	评分标准	考核难点说明
"F"	烘焙设备维护保养	30	能发现并排除设备运行过程中出现的故障	能发现并排除设备运行过程中出现的故障	2	操作错误不得分	
	指导操作		能指导初、中级工操作浸渍设备	能指导初、中级工操作浸漆设备	4	错误不得分	
			能指导初、中级工操作烘焙设备	能指导初、中级工操作烘焙设备	4	错误不得分	
			能指导初、中级工操作翻身设备	能指导初、中级工操作翻身设备	2	错误不得分	
质量、安全、工艺纪律、文明生产等综合考核项目				考核时限	不限	超时停止考核	
				工艺纪律	不限	依据企业有关工艺纪律管理规定执行,每违反一次扣10分	
				劳动保护	不限	依据企业有关劳动保护管理规定执行,每违反一次扣10分	
				文明生产	不限	依据企业有关文明生产管理规定执行,每违反一次扣10分	
				安全生产	不限	依据企业有关安全生产管理规定执行,每违反一次扣10分,有重大安全事故,取消成绩	